荒漠草原生态化学计量学研究

刘秉儒　杨　阳　著

科　学　出　版　社

北　京

内 容 简 介

本书是关于荒漠草原植被变化过程中土壤-植物-微生物生态化学计量学研究成果的凝练与总结，主要包括荒漠草原区不同群落水平叶片、枯落物、根系化学计量特征，以及不同个体水平叶片和根系化学计量特征、不同封育年限荒漠草原土壤-植物-微生物计量特征研究，并探讨了围封措施对不同植物群落的土壤-植物-微生物计量特征的影响，最后对荒漠草原柠条林土壤化学特征进行了分析，并对生态化学计量学研究进行了展望。

本书适合于从事恢复生态学、土壤学、环境科学及草业科学等领域研究工作的科技工作者和研究生参考。

图书在版编目 (CIP) 数据

荒漠草原生态化学计量学研究/刘秉儒，杨阳著. —北京：科学出版社，2023.3

ISBN 978-7-03-074262-9

Ⅰ. ①荒… Ⅱ. ①刘… ②杨… Ⅲ. ①荒漠–生态系统–化学计量学–研究 ②草原生态系统–化学计量学–研究 Ⅳ. ①P941.73 ②S812

中国版本图书馆 CIP 数据核字（2022）第 237890 号

责任编辑：罗 静 刘 晶 / 责任校对：郑金红
责任印制：赵 博 / 封面设计：无极书装

科学出版社 出版
北京东黄城根北街 16 号
邮政编码: 100717
http://www.sciencep.com

北京华宇信诺印刷有限公司印刷
科学出版社发行 各地新华书店经销
*
2023 年 3 月第 一 版 开本：B5 (720×1000)
2023 年 9 月第二次印刷 印张：7
字数：142 000

定价：128.00 元

(如有印装质量问题，我社负责调换)

《荒漠草原生态化学计量学研究》
著者名单

主要著者 刘秉儒　研究员（北方民族大学）

杨　阳　副研究员（中国科学院地球环境研究所）

其他著者 王利娟（宁夏大学）

牛宋芳（宁夏大学）

王子寅（北方民族大学）

前　　言

荒漠草原区是介于沙漠与草原或农田之间对环境反应敏感的区域，是我国北方的天然生态屏障，开展荒漠草原区的化学计量学研究对揭示其群落特征和稳定性有重要意义。近年来，人类过度放牧、乱砍滥伐，再加上全球气候变化（如温室效应、臭氧层空洞、酸雨、有毒有害气体的排放等），导致荒漠草原区多样性降低、养分流失等问题日益严重，原本脆弱的荒漠区植物群落日益退化，生态系统特征存在较大的变异性，这成为制约该区域生态环境和经济发展的主要问题。

生态化学计量学为研究陆地生态系统土壤–植物–微生物相互作用和 C、N、P 循环提供了一种新思路和新方法，能够更好地揭示生态系统各组分（植物、枯落物和土壤）元素比例的调控及分配机制。土壤 C、N、P 受植物残体（有机质）、凋落物、土壤性质、微生物多样性及酶活性影响，植物 C、N、P 主要通过 C∶N∶P 调节其生长代谢速率和元素限制，枯落物 C∶N∶P 的稳定性主要受土壤微生物新陈代谢活动和外界环境的影响，而土壤微生物 C∶N∶P 反馈作用于有机质分解和养分的释放过程。然而，目前我国大量有关化学计量的研究仅仅局限于植物和土壤 C∶N、C∶P 或 N∶P 等方面，并没有充分考虑 C、N、P 这三大元素之间的耦合关系及对植物体的影响。鉴于此，将土壤–植物–枯落物–微生物作为一个完整的系统加以研究，探讨 C、N、P 元素化学计量在整个系统中的变化格局及其相互作用，可以揭示 C、N、P 平衡的内在机制。中国北方典型荒漠及荒漠化草原受气候变化、超载放牧及人为管理等影响，原本脆弱的荒漠过渡带植物群落日益退化，生态系统特征存在较大的时空变异性。研究荒漠草原区不同群落植物叶片、土壤、枯落物化学计量特征，对于揭示植物对营养元素的需求、土壤养分的供给能力具有重要的指导意义，为合理监测荒漠草原生态系统动态、防止草原荒漠化和改善自然环境提供了理论依据与科学基础。

本书归纳和总结了宁夏荒漠草原不同群落植物叶片、土壤、枯落物化学计量特征和营养元素限制规律。本书是在作者总结其主持和参与的多项课题的研究成果基础上完成的，是相关研究工作的系统总结。本书通过对长期观测数据、试验结果和已有研究成果进行汇总分析，较为系统地阐释了荒漠草原营养元素限制规律，为从事生态研究的科研人员提供了科学借鉴，为荒漠草原植被恢复及生态环境效应发挥提供了科学依据。

著　者

2022 年 6 月于银川

目　录

第 1 章　生态化学计量学研究概述

1.1 引　　言

荒漠草原区是介于沙漠与草原或农田之间对环境反应敏感的区域[1, 2]。近年来，人类的过度放牧、乱砍滥伐，再加上全球气候变化（如温室效应、臭氧层空洞、酸雨、有毒有害气体的排放等），导致荒漠草原区多样性降低、养分流失等问题日益严重[3, 4]，原本脆弱的荒漠区植物群落日益退化，生态系统特征存在较大的变异性[3, 4]，这成为制约该区域生态环境和经济发展的主要问题。

生物多样性作为荒漠草原区生态系统的可测性指标，反映了生态系统的基本特征，是生态系统各物种通过竞争或协调资源共存的结果，为生态系统功能的运行和维持提供了数据基础和支撑条件[5, 6]。生物多样性也是维持草地平衡、稳定和草地生产力的载体与基础[6, 7]，是表征草地结构和功能稳定的重要参数，也是荒漠化地区生态系统中能量交换和物质循环最活跃、最积极的因素[7]。与其他陆地生态系统相比，荒漠草原生物多样性具有脆弱性和波动性[3, 4]。

生态化学计量学为研究陆地生态系统土壤-植物相互作用机制和 C、P、N 循环提供了新方法和新思路，它能够揭示生态系统中各组分（植物、土壤和枯落物等）调控养分比例的机制和各元素在生态系统循环中的作用[8-11]，植物通过 C、N、P 之间的比例来调节其生长速率，枯落物 C、N、P 比例的稳定性可能会影响土壤有机质的分解和养分的释放[11, 12]。由此可见，探讨 C、N 和 P 在整个生态系统中的变化格局及其相互作用，能够揭示 C、N、P 之间的平衡机制和耦合关系[9, 13-15]。

1.2 生态化学计量学

化学计量（stoieheionmetron）起源于希腊语“stoieheion”和“metron”，中文是“测量”和“科学”的意思[9, 13-15]。生态化学计量学（ecological stoichiometry）是近年来发展起来的新学科，由 Richter 在 1972 年提出，它通过结合生态学和化学计量学的基本原理，分析和比较不同生命物质结构层次主要元素的相对值和比例，研究生态系统能量和元素（C、N、P、K、S、O 等）的平衡耦合关系[16]。此外，生态化学计量学与热力学第一定律、中心法则、自然选择等原理相结合，从不同时空尺度将各研究领域有效结合，从而跨越了个体、种群、群落、景观、生态系统等各个层次和领域[6, 9, 13-15]。

20 世纪随着生物科学的异军突起和迅猛发展，学科之间逐渐细化，各研究领域逐渐深入。生态化学计量学认为，有机体具有特定的生态化学计量范围，并且能够将元素的平衡反馈于生境，有效地把元素、有机体和生态系统统一结合[9, 13-15]。既然有机体是由元素组成的，那么它是否存在固定的比值（化学计量值）？如果这些元素相互影响的话，那么一种元素的缺乏会对自身或者生态系统产生什么影响？经前人的大量总结，生态化学计量主要原理包括：①定比定律，每种物质都有确定的元素比例和元素组成；②倍定理，不同元素之间进行化合时，原子按照简单的整数形式结合成化合物；③在此过程中遵循质量守恒原理[6, 9, 13-15]。

1.2.1 生态化学计量学基本理论

生态化学计量学延续了生长速率和动态平衡这两个理论[6, 8]。生态化学计量学的理论基础是动态平衡理论，该理论认为有机体的生命活动受生物体营养平衡和内稳态的有机控制，有机体内部稳态不会随外界环境的变化而发生剧烈变化；相反，其维持在一个相对比较局限和狭窄的范围之内[9]。当有机体受到极端因子影响，并且影响作用已经超出了有机体耐受极限时，有机体内部稳态受到破坏，这就是“Shelford 耐受定律”。因此，有机体自身的反馈调节及其作用机制使其内部元素和外部元素始终保持在相对稳定的格局，我们称这种变化格局为“动态平衡理论”[9]。

“生长速率理论”（growth rate hypothesis，GRH）为有机生命体提供了细胞特性、生命进化、种群动态的基本框架[17, 18]，该理论认为，有机体自身 P 含量的变化决定了生长速率，生物体通过改变自身 C∶N∶P 从而改变其生长速率[19]。因此，有机体为适应外界环境的变迁，通过调整自身 C∶N∶P 应对生长速率的改变；通常生长较快的有机体具有低的 C∶P 和 N∶P[20]，而对于大部分的异养生物体，高的生长速率具有高的 C∶N、C∶P 和低的 N∶P。这种理论和结果也适用于同种生物的生物量 C∶N 和 N∶P[21]，主要是因为有机体的 RNA 含量和生长速率会随着年龄增加而发生变化[22]，当生物体生长所需蛋白质的合成不足时，生长速率会随之减慢，有机体通过调控 N∶P 来实现。此外，外界环境的 N∶P 也影响着生长速率的变化，因为有机体对食物具有选择性，不同营养级具有的“C∶X（X 代表其他元素）”不同，从而改变生物对环境的适应对策（k-选择和 R-选择）[23, 24]。

1.2.2 生态化学计量学发展历史

1840 年，德国化学家 Liebig 提出了最小因子定律，认为“植物的生长和发育取决于那些最少量的营养元素”，即有机体的生长受需求量最小的资源限制[25]；

1986 年，Reiners 首次将生态学与化学计量学结合，构建了生态化学计量学的基本框架[26]；1925 年，Lotka 撰写了《物理生物学的基础》(*Elements of Physical Biology*)，将物理、化学、生物、热力学等定律应用于生态学理论过程中[27]；此后产生了较多的生态计量学理论（最佳取食理论、资源理论等）[28-32]。1975 年，Redfield[30]通过试验确定了浮游植物体内 C∶N∶P=106∶16∶1，后被称为 Redfield 值（Redfield ratio）；1982 年，Tilman[29]提出了资源比例学说，认为物种生长速率、环境供应速率和资源可利用量与物种消耗速率之间均呈较好的函数关系；1986 年，Reiners[26]将化学计量学和生态学有效结合起来；2000 年，Elser[8]首次提出了生态化学计量学的相关概念；2002 年，Stemer 和 Elser 撰写了《生态化学计量学：从分子到生物圈的元素生物学》(*Ecological Stoichiometry: The Biology of Elements from Molecules to the Biosphere*) 一书，该书标志着生态化学计量学理论正式形成，是生态学发展历程中的重要里程碑[9]；2003 年，Michaels[33]将生态化学计量学理论贯穿到自然科学等各领域。此后，生态化学计量学与自然选择原理、能量守恒定律、中心法则进一步结合；2004 年，美国生态学会 *Ecology* 刊登了几篇重要论文，介绍了国际生态化学计量研究的最新进展；2005 年，*Oikos* 也发表了一期关于生态化学计量学的专辑，标志着生态化学计量学作为一种新的工具已被应用于种群、群落及生态系统[34]。国内化学计量学的研究较为滞后，进入 21 世纪，张丽霞等[35]首次对生态化学计量学进行了综述，揭开了我国生态化计量学的序幕；2010 年《植物生态学报》刊出了一期生态化学计量学专辑。近年来我国也涌现了大量关于生态化学计量学的研究，主要集中在：①区域性尺度的化学计量学及其驱动机制[36]；②施肥对种群、群落 C∶N∶P 的影响[37]；③植被化学计量学在生态系统中的指示作用[38]；④化学计量的内稳性与生态系统结构和功能的关系等[39]。

1.2.3　生态化学计量学的应用

自 1986 年起，生态化学计量学在各领域不断得到拓展和创新，现已渗透到包括微生物多样性、元素的营养平衡及耦合机制、生态系统结构和功能、寄主-病原相互关系、种群和群落演替动态、生物地球化学循环及水文循环等方面[26]。Frost[40]对海洋生态系统的研究发现，当食物供应不足时，浮游生物生长速率会下降；当食物供应充足时，浮游生物生长更快；Tilman[41]进一步指出，浮游生物并不是以相同的效率利用资源，而是通过 N∶P 的供应变化而改变浮游生物的生长速率；Sterner[42]的研究指出，鲤鱼体内 C∶N∶P 的稳定性主要取决于对养分的平衡吸收情况；Elser[43]的研究表明，水蚤占优势的情况下，浮游植物受到 P 的限制，在桡足类动物占优势的情况下，浮游植物受到 N 的限制；Sterner[42]对上述结果的研究认为这是消费者驱动化学计量比值改变的结果：水蚤占优势时，浮游动物体内 N

以较高的速率进行循环，导致体内积聚大量 P，因此，浮游植物生长受到 P 的限制；当桡足类动物占优势时，与此相反，P 的循环利用速率较快，体内积聚大量 P，从而导致浮游植物生长受到 N 限制[7, 44]；另外，部分海洋生态学家认为 N 是海洋中的主要限制性元素[45]，也有学者认为，海洋可以通过大气固氮实现 N 的充足供应，相反，P 却是限制性元素[46]。

在陆地生态系统中，相对于需求量，供应量最少的那部分元素就成为限制性元素[10, 11]。Vitousek[47]认为，生物生存在 C 含量供应丰富而 N 含量供应不足的环境，由于受食物 N 含量的限制，自身体内蛋白质合成不足，而微生物也会受到枯落物 N 含量的影响，因此，生物往往更加容易受到 N 限制[10, 11, 48]；也有研究指出，森林生态系统演替中，随着时间推移，森林生态系统越来越受 P 的限制[49]；Elser[50]比较了陆地植物叶片的 C∶N∶P 和昆虫取食量之间的关系，结果表明，陆地植物体内平均 C∶P 和 N∶P 高于昆虫取食量，可能是因为陆地植物通过降低自身 P 的含量来阻碍取食者的取食，也就是说，植物在竞争过程中通过改变自身 P 含量而适应环境。

1.3 生态化学计量学的研究现状与进展

生态化学计量学最早应用于水生生态系统，1958 年，Redfield[30]通过对水生和湿地生态系统的研究发现：当 N∶P>16∶1 时，该生态系统受 P 限制；当 N∶P<14∶1 时，该生态系统受 N 限制；当 14∶1<N∶P<16∶1 时，该生态系统受 N、P 的共同限制或不受二者限制，目前这个理论已适用于多种生态系统。21 世纪以来，生态化学计量学逐渐应用于陆地生态系统[10, 49, 50]，并且在全球尺度上已经广泛深入到土壤和植物生态化学计量学中。

1.3.1 土壤生态化学计量学研究进展

土壤 C、N、P 能够揭示养分的可获得性、有效性及其平衡循环机制，综合反映生态系统功能和结构的可塑性[51]。例如，王维奇等[52]研究了干扰条件下湿地土壤 C、N、P 生态化学计量学，土壤 C∶N、C∶P 和 N∶P 均随着干扰程度的增加而降低，并且土壤养分较土壤 C 储量更具有指示意义；Tian[53]对我国土壤 C∶N∶P 的研究发现，我国土壤 C∶N∶P 的空间变异性较大，C∶N、C∶P 和 N∶P 平均值分别为 11.9、61 和 5.2，C∶N∶P 均值为 60∶5∶1；我国湿润温带土壤 C∶N 介于 10∶1 到 12∶1，热带地区高达 20∶1，一般耕作土壤 C∶N 在 8∶1 到 15∶1 之间；不同类型土壤 C∶N 存在着较明显的差别，主要受植物、土壤及土壤微生物吸收的影响，土壤 C∶N 从森林的 13∶1 上升到草地的 17∶1[54]；土壤微生物生物量 C∶N 约为 10∶1。通常情况下，土壤 C∶N 与土壤养分的分解速率呈负相关关系，主要是因为土壤微生物活动需要 C 和 N 提供能量[55-57]。从全球尺度考虑，土壤 C∶N∶P=186∶13∶1，近似于海洋中的 Redfield 值[57]；有研究表明，植物、枯落物、土壤和微生物 C∶N∶P 可以作为植物养分的诊断和指示指标，也是判断生态系统元素限制的重要有效工具[58]。由于生态系统养分限制不仅受 N∶P 的限制，而且土壤和土壤微生物自身 N、P 含量也起着重要作用，使得植物、枯落物、土壤和微生物 C∶N∶P 对生态系统的功能产生一定的影响[10]。

1.3.2 植物生态化学计量学研究进展

作为生态系统的生产者，植物在生态系统中占据着重要位置并发挥了重要作用[62]。C 是生命骨架组成的基本元素，N 在蛋白质的合成、有机物同化过程中起着重要作用，P 是各种酶、磷脂和核酸等基本组成元素，这三种元素共同决定了植物的生长和发育[10, 11]。植物叶片 N∶P 取值范围可以作为判断植物生长的限制性指标[10, 11]，C∶N 很好地反映了对 C、N 的吸收和利用效率[24]，植物的生长速率也会随叶片 N∶P 的降低而增加（生长速率假说）[50]。Sakamoto[60]发现当海藻 10<N∶P<17 时，N 和 P 对生态系统具有同等的贡献作用；当 N∶P<10 时，受 N 限制；当 N∶P>17 时，受 P 限制。Koerselman[40]对湿地植物施肥的研究表明，当 N∶P>16 时，受 P 限制；当 N∶P<14 时，受 N 限制；当 14<N∶P<16 时，受 N 和 P 共同限制。Jackson[61]发现全球植物细根 C∶N∶P 为 1158∶24∶1，与叶片 C∶N∶P 相一致。Braakhekke 和 Hooftman[62]研究指出，在植物 N 和 P 供应不足情况下，N∶P 分别为 10∶1 和 14∶1。国内植物化学计量的研究起步较晚，我国内蒙古羊草群落的施肥试验中，当植物叶片 N∶P>23∶1 时受 P 限制，N∶P<21∶1 时受 N 限制[63]；陈军强等通过对北方草地化学计量分析发现，植物叶片 N∶P 受 P 含量的影响[64]；任书杰等[65]对我国东部 654 种植物 N 和 P 空间分布格局的研究表明，我国东部植物叶片 N 和 P 存在较大的变异性，随着纬度增加和年平均气温的降低，叶片中 N 和 P 显著增加，并且 N∶P 与纬度和年平均气温没有很好的相关性；李玉霖等[66]对北方荒漠地区植物叶片化学计量分析表明，北方荒漠地区有较高的 N 和 P 含量，N∶P 无显著的差异。中、小时间尺度的生态系统不仅仅限定于特定时期，在季节变化和生态演替过程中，生态化学计量又是如何处于动态平衡的？林丽等[67]对不同演替阶段高寒草甸植物叶片化学计量的研究表明，植物叶片 N∶P 能够看成是草地退化的诊断指标；刘旻霞等[68]对甘南亚高山草甸不同坡向的草地化学计量研究表明，植物群落阳坡受 P 限制，阴坡受 N 限制；勾昕[69]对高寒草甸植物演替群落化学计量的研究表明，演替前期土壤有效 N 对植物叶片贡献较大，演替中期植物叶片受 N 和 P 的共同控制，演替后期受 P 限制；阎恩荣

等[70]的研究表明，常绿阔叶林不同演替阶段受不同元素的限制；高三平等[38]研究了天童常绿阔叶林不同演替阶段植物叶片化学计量，不同演替阶段植物生长均受N素限制，演替各阶段大多数植物新生叶受N素限制。此外，光照和养分之间可能存在计量关系，Striebel等[71]的研究表明，随着辐射增强，藻类群落生物量和C∶P增长加快；Dickman等[72]的研究表明，光照、水分、营养元素和营养级都能对能量传递效率产生影响。不仅如此，植物C∶N∶P还受到土壤有效养分的可利用性、水热条件、植物需求量、生态演替不同阶段等因素的影响[11, 73]，而尺度的大小和类型、植物体的不同部位及种群类型（种间和种内）的差异也会造成C∶N∶P发生较大的变化[11, 73]。

1.3.3 全球尺度下生态化学计量学研究进展

化学计量学在全球尺度下的格局及其驱动因素的研究主要包括：Else等[50]发现全球无脊椎食草动物与陆生植物具有近似相等的N∶P；Reich等[74]研究了全球1280种陆生植物叶片化学计量，结果显示，随着纬度的下降及年平均气温的增加，植物叶片N和P平均含量降低而N∶P增加；McGroddy等[56]通过全球森林生态系统的C∶N∶P计量研究表明，植物叶片C∶N∶P存在较大的变异，而种群水平C∶N∶P则相对稳定，枯落物C∶N相对稳定；Han等[66]研究了我国北方753种陆地植物叶片化学计量，与全球陆地植物叶片化学计量相比，中国植物叶片P含量偏低，可能会导致叶片N∶P在全球水平之上；He等[75, 76]研究了我国北方草地213种植物叶片化学计量，结果发现中国草地植物P含量偏低，并且在一定的空间尺度上，植物N、P和N∶P并不随温度与降水的不同而发生明显的变化。

C、N和P在全球生物地球化学循环中起着重要作用，C是各种物质进行新陈代谢的主体，C∶N∶P对全球养分的平衡和循环具有重要意义[5, 76]。当前大范围的人类活动正加剧改变着全球生物地球化学循环[77]，矿石的开采、化肥的施用和重工业的污染造成了P含量的输入增加，并且输入量远超过风化自然形成的P[77, 78]，有研究指出[78]，自然过程的全球C∶N∶P计量约为333∶43∶1，人类活动造成的C∶N∶P计量约为667∶12∶1，人类活动使C、N、P通量分别增加了13%、108%和400%。可以认为，人类活动对N和P的影响超出对C的影响，同时，大规模水体“富营养化”也降低了全球生物养分利用效率[56]，并且严重阻碍了全球尺度的新陈代谢、呼吸活动等[79]，仅有少部分研究表明了生态化学计量学理论在全球C循环中的重要作用。由此可见，加强N和P元素在全球尺度下的养分循环及其对生物圈新陈代谢和生态系统平衡的影响，是未来化学计量学的研究重点。

生态化学计量学为研究陆地生态系统土壤-植物-微生物相互作用和 C、P、N 循环提供了一种新思路和新方法，能够更好地揭示生态系统各组分（植物、枯落物和土壤）元素比例的调控和分配机制[6-8]。土壤 C、N、P 受植物残体（有机质）、凋落物、微生物多样性及酶活性影响，植物 C、N、P 主要通过 C∶N∶P 调节其生长代谢速率和元素限制，枯落物 C∶N∶P 的稳定性主要受土壤微生物的新陈代谢活动和外界环境的影响，而土壤微生物 C∶N∶P 反馈作用于有机质分解和养分的释放过程[6, 7, 10, 12]。然而，目前我国大量关于化学计量的研究仅仅局限于植物和土壤 C∶N、C∶P、N∶P 等方面，并没有充分考虑 C、N、P 这三大元素之间的耦合关系以及对植物体的影响。有鉴于此，将土壤–植物–枯落物–微生物作为一个完整的系统加以研究，探讨 C、N、P 元素化学计量在整个系统中的变化格局及其相互作用，可以揭示 C、N、P 平衡的内在机制[10, 13-15]。中国北方典型荒漠及荒漠化草原受气候变化、超载放牧及人为管理等影响，原本脆弱的荒漠过渡带植物群落日益退化，生态系统存在较大的时空变异性[4, 5]，因此，对荒漠草原区不同植物群落多样性展开深入调查，研究不同群落叶片和土壤化学计量特征，对于揭示植物对营养元素的需求、土壤养分的供给能力、植物限制性元素的判断具有重要的指导意义，为合理监测荒漠草原生态系统动态、防止草原荒漠化和改善自然环境提供了理论依据与科学基础。

参 考 文 献

[1] Gosz J R. Ecotone hierarchies[J]. Ecological Applications, 1993, (3): 369-376.

[2] Allen C D, Breshears D D. Drought-induced shift of a forest–woodland ecotone: rapid landscape response to climate variation[J]. Proceedings of the National Academy of Sciences, 1998, 95(25): 14839-14842.

[3] 张新时. 天山北部山地–绿洲–过渡带–荒漠系统的生态建设与可持续农业范式[J]. 植物学报, 2001, 43(12): 1294-1299.

[4] Pei S, Fu H, Wan C. Changes in soil properties and vegetation following exclosure and grazing in degraded Alxa desert steppe of Inner Mongolia, China[J]. Agriculture, Ecosystems & Environment, 2008, 124(1): 33-39.

[5] Loreau M, Naeem S, Inchausti P, et al. Biodiversity and ecosystem functioning: Current knowledge and future challenges[J]. Science, 2001, 294: 804-808.

[6] Cardinale B J, Srivastava D S, Duffy J E, et al. Effects of biodiversity on the functioning of trophic groups and ecosystems[J]. Nature, 2006, 443(7114): 989-992.

[7] Hector A, Bagchi R. Biodiversity and ecosystem multifunctionality[J]. Nature, 2007, 448(7150): 188-190.

[8] Elser J J, Fagan W F, Denno R F, et al. Nutritional constraints in terrestrial and freshwater food webs[J]. Nature, 2000, 408(6812): 578-580.

[9] Sterner R W, Elser J J. Ecological Stoichiometry: the Biology of Elements from Molecules to the Biosphere[M]. Princeton: Princeton University Press, 2002.

[10] Koerselman W, Meuleman A F M. The vegetation N: P ratio: a new tool to detect the nature of

nutrient limitation[J]. Journal of Applied Ecology, 1996: 1441-1450.
[11] Güsewell S. N: P ratios in terrestrial plants: variation and functional significance[J]. New Phytologist, 2004, 164(2): 243-266.
[12] Bertilsson S, Berglund O, Karl D M, et al. Elemental composition of marine *Prochlorococcus* and *Synechococcus*: Implications for the ecological stoichiometry of the sea[J]. Limnology and Oceanography, 2003, 48(5): 1721-1731.
[13] 曾德慧, 陈广生. 生态化学计量学: 复杂生命系统奥秘的探索[J]. 植物生态学报, 2005, 29(6): 1007-1019.
[14] 王绍强, 于贵瑞. 生态系统碳氮磷元素的生态化学计量学特征[J]. 生态学报, 2008, 28(8): 8392-7493.
[15] 程滨, 赵永军, 张文广, 等. 生态化学计量学研究进展[J]. 生态学报, 2010, (6): 1628-1637.
[16] Sherman F, Kuselman I. Stoichiometry and chemical metrology: Karl Fischer reaction[J]. Accreditation and Quality Assurance, 1999, 4(6): 230-234.
[17] Main T M, Dobberfuhl D R, Elser J J. N: P stoichiometry and ontogeny of crustacean zooplankton: a test of the growth rate hypothesis[J]. Limnology and Oceanography, 1997, 42(6): 1474-1478.
[18] Acharya K, Kyle M, Elser J J. Biological stoichiometry of *Daphnia* growth: an ecophysiological test of the growth rate hypothesis[J]. Limnology and Oceanography, 2004, 49(3): 656-665.
[19] Elser J J, Dobberfuhl D R, MacKay N A, et al. Organism size, life history, and N: P stoichiometry[J]. BioScience, 1996: 674-684.
[20] Elser J J, Bracken M E S, Cleland E E, et al. Global analysis of nitrogen and phosphorus limitation of primary producers in freshwater, marine and terrestrial ecosystems[J]. Ecology Letters, 2007, 10(12): 1135-1142.
[21] Hessen D O. Carbon, nitrogen and phosphorus status in *Daphnia* at varying food conditions[J]. Journal of Plankton Research, 1990, 12(6): 1239-1249.
[22] Gorokhova E. Effects of preservation and storage of microcrustaceans in RNAlater on RNA and DNA degradation[J]. Limnol. Oceanogr Methods, 2005, 3: 143-148.
[23] Elser J J, Acharya K, Kyle M, et al. Growth rate–stoichiometry couplings in diverse biota[J]. Ecology Letters, 2003, 6(10): 936-943.
[24] Makino W, Cotner J B, Sterner R W, et al. Are bacteria more like plants or animals? Growth rate and resource dependence of bacterial C∶N∶P stoichiometry[J]. Functional Ecology, 2003, 17(1): 121-130.
[25] De Baar H J W. von Liebig's law of the minimum and plankton ecology (1899–1991)[J]. Progress in Oceanography, 1994, 33(4): 347-386.
[26] Reiners W A. Complementary models for ecosystems[J]. American Naturalist, 1986, 127(1): 59-73.
[27] Lotka A J. Elements of physical biology[M]. Williams & Wilkins Compang, 1925.
[28] Charnov E L. Optimal foraging, the marginal value theorem[J]. Theoretical Population Biology, 1976, 9(2): 129-136.
[29] Tilman D. Resource competition and communities structure[J]. Monographs in Population Biology, 1981, 17: 1-296.
[30] Redfield A C. The biological control of chemical factors in the environment[J]. American Scientist, 1958, 46: 205-221.
[31] Vitousek P M. Nutrient cycling and nutrient use efficiency[J]. American Naturalist, 1982, 119(4): 553-572.
[32] Elser J J, Fagan W F, Denno R F, et al. Nutritional constraints in terrestrial and freshwater food

webs[J]. Nature, 2000, 408(6812): 578-580.

[33] Melillo J M, Field C B, Moldan B. Interactions of the Major Biogeochemical Cycles: Global Change and Human Impacts[M]. Washington: Island Press, 2003.

[34] Moe S J, Stelzer R S, Forman M R, et al. Recent advances in ecological stoichiometry: insights for population and communities ecology[J]. Oikos, 2005, 109(1): 29-39.

[35] 张丽霞, 白永飞, 韩兴国. N∶P 化学计量学在生态学研究中的应用[J]. 植物学报, 2004, 45(9): 1009-1018.

[36] Yuan Z Y, Li L H, Han X G, et al. Nitrogen response efficiency increased monotonically with decreasing soil resource availability: a case study from a semiarid grassland in northern China[J]. Oecologia, 2006, 148(4): 564-572.

[37] 王俊锋, 穆春生, 张继涛, 等. 施肥对羊草有性生殖影响的研究[J]. 草业学报, 2008, 17(3): 53-58.

[38] 高三平, 李俊祥, 徐明策, 等. 天童常绿阔叶林不同演替阶段常见种叶片 N, P 化学计量学特征[J]. 生态学报, 2007, 27(3): 947-952.

[39] 贺金生, 韩兴国. 生态化学计量学: 探索从个体到生态系统的统一化理论[J]. 植物生态学报, 2010, 34(1): 2-6.

[40] Frost P C, Elser J J. Growth responses of littoral mayflies to the phosphorus content of their food[J]. Ecology Letters, 2002, 5(2): 232-240.

[41] Tilman D, Kilham S S, Kilham P. Phytoplankton communities ecology: the role of limiting nutrients[J]. Annual Review of Ecology and Systematics, 1982, (13): 349-372.

[42] Sterner R W, George N B. Carbon, nitrogen, and phosphorus stoichiometry of cyprinid fishes[J]. Ecology, 2000, 81(1): 127-140.

[43] Elser J J, Elser M M, MacKay N A, et al. Zooplankton- mediated transitions between N-and P-limited algal growth[J]. Á Limnol Oceanogr, 1988, 33(1): 1-14.

[44] Hessen D O. Stoichiometry in food webs: Lotka revisited[J]. Oikos, 1997: 195-200.

[45] Smith S V. Phosphorus versus nitrogen limitation in the marine environment[J]. Limnology and Oceanography, 1984, (29): 1149 -1160.

[46] Meybeck M. Carbon, nitrogen, and phosphorus transport by world rivers[J]. American Journal of Science, 1982, 282(4): 401-450.

[47] Vitousek P M. Nutrient Cycling and Limitation: Hawai'i as a Model System[M]. Princeton: Princeton University Press, 2004.

[48] White T C R. The importance of a relative shortage of food in animal ecology[J]. Oecologia, 1978, 33(1): 71-86.

[49] Wardle D A, Walker L R, Bardgett R D. Ecosystem properties and forest decline in contrasting long-term chronosequences[J]. Science, 2004, 305(5683): 509-513.

[50] Elser J J, Sterner R W, Gorokhova E, et al. Biological stoichiometry from genes to ecosystems[J]. Ecology Letters, 2000, 3(6): 540-550.

[51] Sinsabaugh R L, Lauber C L, Weintraub M N, et al. Stoichiometry of soil enzyme activity at global scale[J]. Ecology Letters, 2008, 11(11): 1252-1264.

[52] 王维奇, 曾从盛, 钟春棋, 等. 人类干扰对闽江河口湿地土壤碳、氮、磷生态化学计量学特征的影响[J]. 环境科学, 2010, 31(10): 2411-2416.

[53] Tian H, Chen G, Zhang C, et al. Pattern and variation of C∶N∶P ratios in China’s soils: a synthesis of observational data[J]. Biogeochemistry, 2010, 98(1-3): 139-151.

[54] McGroddy M E, Daufresne T, Hedin L O. Scaling of C∶N∶P stoichiometry in forests

worldwide: implications of terrestrial Redfield-type ratios[J]. Ecology, 2004, 85(9): 2390-2401.
[55] Mulder C, Elser J J. Soil acidity, ecological stoichiometry and allometric scaling in grassland food webs[J]. Global Change Biology, 2009, 15(11): 2730-2738.
[56] Weedon J T, Aerts R, Kowalchuk G A, et al. Enzymology under global change: organic nitrogen turnover in alpine and sub-Arctic soils[J]. Biochemical Society Transactions, 2011, 39(1): 309.
[57] McGill W B, Cole C V. Comparative aspects of cycling of organic C, N, S and P through soil organic matter[J]. Geoderma, 1981, 26(4): 267-286.
[58] Tessier J T, Raynal D J. Use of nitrogen to phosphorus ratios in plant tissue as an indicator of nutrient limitation and nitrogen saturation[J]. Journal of Applied Ecology, 2003, 40(3): 523-534.
[59] Prosser J I, Bohannan B J M, Curtis T P, et al. The role of ecological theory in microbial ecology[J]. Nature Reviews Microbiology, 2007, 5(5): 384-392.
[60] Sakamoto M. Primary production by phytoplankton communities in some Japanese lakes and its dependence on lake depth[J]. Arch Hydrobiol, 1966, 62: 1-28.
[61] Jackson R B, Mooney H A, Schulze E D. A global budget for fine root biomass, surface area, and nutrient contents[J]. Proceedings of the National Academy of Sciences, 1997, 94(14): 7362-7366.
[62] Braakhekke W G, Hooftman D A P. The resource balance hypothesis of plant species diversity in grassland[J]. Journal of Vegetation Science, 1999, 10(2): 187-200.
[63] Han W, Fang J, Guo D, et al. Leaf nitrogen and phosphorus stoichiometry across 753 terrestrial plant species in China[J]. New Phytologist, 2005, 168(2): 377-385.
[64] 陈军强, 张蕊, 侯尧宸, 等. 亚高山草甸植物群落物种多样性与群落 C、N、P 生态化学计量的关系[J]. 植物生态学报, 2013, 37(11): 979-987.
[65] 任书杰, 于贵瑞, 陶波, 等. 中国东部南北样带 654 种植物叶片氮和磷的化学计量学特征研究[J]. 环境科学, 2008, 28(12): 2665-2673.
[66] 李玉霖, 毛伟, 赵学勇, 等. 北方典型荒漠及荒漠化地区植物叶片氮磷化学计量特征研究[J]. 环境科学, 2010, 31(8): 1716-1725.
[67] 林丽, 李以康, 张法伟, 等. 高寒矮嵩草群落退化演替系列氮, 磷生态化学计量学特征[J]. 2013, 33(17): 5245-5251.
[68] 刘旻霞, 王刚. 高山草甸坡向梯度上植物群落与土壤中的 N, P 化学计量学特征[J]. 兰州大学学报(自然科学版), 2012, 48(3): 70-75.
[69] 勾昕. 高寒草甸不同植物群落演替群落化学计量研究[D]. 兰州: 兰州大学博士学位论文, 2009.
[70] 阎恩荣, 王希华, 周武. 天童常绿阔叶林演替系列植物群落的N∶P化学计量特征[J]. 植物生态学报, 2008, 32(1): 13-22.
[71] Striebel F, Hunkeler M, Summer H, et al. The mycobacterial Mpa–proteasome unfolds and degrades pupylated substrates by engaging Pup's N‑terminus[J]. The EMBO Journal, 2010, 29(7): 1262-1271.
[72] Dickman E M, Newell J M, González M J, et al. Light, nutrients, and food-chain length constrain planktonic energy transfer efficiency across multiple trophic levels[J]. Proceedings of the National Academy of Sciences, 2008, 105(47): 18408-18412.
[73] Mitra A, Flynn K J. Predator–prey interactions: is 'ecological stoichiometry' sufficient when good food goes bad?[J]. Journal of Plankton Research, 2005, 27(5): 393-399.

[74] Reich P B, Oleksyn J. Global patterns of plant leaf N and P in relation to temperature and latitude[J]. Proceedings of the National Academy of Sciences of the United States of America, 2004, 101(30): 11001-11006.
[75] He J S, Fang J, Wang Z, et al. Stoichiometry and large-scale patterns of leaf carbon and nitrogen in the grassland biomes of China[J]. Oecologia, 2006, 149(1): 115-122.
[76] He J S, Wang L, Flynn D F B, et al. Leaf nitrogen: phosphorus stoichiometry across Chinese grassland biomes[J]. Oecologia, 2008, 155(2): 301-310.
[77] Schlesinger W H, Bernhardt E S. Biogeochemistry: an Analysis of Global Change (The 3rd Edition)[M]. New York: Academic Press, 2013.
[78] Tilman D, Reich P B, Knops J M H. Biodiversity and ecosystem stability in a decade-long grassland experiment[J]. Nature, 2006, 441(7093): 629-632.
[79] Riley D, Barber S A. Salt accumulation at the soybean (*Glycine max*. (L.) Merr.) root-soil interface[J]. Soil Science Society of America Journal, 1970, 34(1): 154-155.

第 2 章　荒漠草原区不同植物群落多样性特征

2.1　研究区自然概况

宁夏荒漠草原区是黄土高原向鄂尔多斯台地、干旱草原向荒漠草原、半干旱区向干旱区过渡的生态脆弱区，以灰钙土为主，伴有风沙土和漠土，腐殖质层薄，有机质含量低，土壤结构松散，植物群落成分比较单一，多以旱生草本植物为优势种，伴有旱生小灌木和一年生杂草，植物叶片普遍具有明显的旱生形态特征，主要包括禾本科（Gramineae）、菊科（Asteraceae）、百合科（Liliaceae）、蒺藜科（Zygophyllaceae）、豆科（Leguminosae）和十字花科（Cruciferae）。本研究区位于宁夏中东部盐池县，介于毛乌素沙地南缘和黄土高原过渡带，是典型的鄂尔多斯台地，大陆性气候特征，年降水量为 150～450 mm，年际波动大，主要集中 7～9 月，7～9 月的降水量占全年的 60%以上，年蒸发量为 1221.9～2086.5 mm，远远高于年降水量，年日照时数约 3000 h，年平均气温 8.2℃，年有效积温约为 2944.9℃，无霜期 120～150 d。在研究区选取以长芒草（*Stipa bungeana*）、蒙古冰草（*Agropyron mongolicum*）、甘草（*Glycyrrhiza uralensis*）、牛心朴子（*Cynanchum komarovii*）、黑沙蒿（*Artemisia ordosica*）和苦豆子（*Sophora alopecuroides*）植物为主要建群种的天然草地类型（典型无干扰情况下），具有典型性和代表性，此类草地占草地总面积的 80%以上。

2.2　实 验 设 计

选取长芒草、蒙古冰草、甘草、牛心朴子、黑沙蒿和苦豆子 6 种群落样地，各群落生境特点见表 2-1。采用“Z”字形对每个样地整体取样，1 m×1 m 样方法，每个群落 5 个样方，样方内调查其种类的组成，并测定和记录该群落的主要生境因子，计算各群落中主要物种的重要值；采用美制 GPS（全球定位系统）确定样方所在地的经（G）纬（L）度，海拔表测高度（H），记录坡向、坡度、小地形、地质条件、水分状况及人为干扰、放牧情况等。以直接收割法测定各群落每个样方地上生物量和枯落物含量（$g{\cdot}m^{-2}$），人工壕沟挖掘法（根据不同群落根系分布状况择取挖掘深度）测定地下生物量，并且在每个群落剪取足够多的优势种，带回实验室按照群落水平和个体水平将根、叶分开测定 C、N 和 P。

表 2-1　荒漠草原区不同群落生境特点

群落类型	经纬度	海拔/m	土壤类型	坡向	坡度/（°）	地理位置
长芒草群落	37°09′25″ N 107°08′13″ E	1681	黄绵土	阳坡	10～15	麻黄山
蒙古冰草群落	37°27′30″ N 106°57′26″ E	1539	灰钙土	阳坡	0～10	大水坑
甘草群落	37°36′18″ N 106°47′42″ E	1352	灰钙土	阴坡	20～40	黑土坑
牛心朴子群落	37°46′06″ N 107°10′04″ E	1541	风沙土	阳坡	20～30	王乐井
黑沙蒿群落	38°02′29″ N 107°03′48″ E	1469	风沙土	阳坡	10～20	高沙窝
苦豆子群落	37°48′56″ N 107°27′42″ E	1386	风沙土	阴坡	20～30	杨寨子

2.3　荒漠草原区不同群落特征

2.3.1　荒漠草原区不同群落多样性特征

多样性表征生态系统群落的结构复杂性，是体现群落结构和功能复杂性的定量指标[1, 2]。图 2-1 利用各样地样方物种数目、高度和盖度分别计算了不同物种的丰富度、多样性、均匀度和优势度等指数。通过比较各群落 Shannon-Wiener 多样性指数可知，牛心朴子群落物种数目最多，其次为甘草群落、蒙古冰草群落、黑沙蒿群落，再次是苦豆子群落，长芒草群落物种数目最少，说明牛心朴子群落结构复杂程度较高，长芒草群落结构复杂程度相对简单。

计算 Patrick 丰富度指数可知，牛心朴子群落丰富度指数最高，长芒草和苦豆子群落丰富度指数较低，牛心朴子群落和苦豆子群落丰富度指数相差将近 4 倍，黑沙蒿、蒙古冰草、甘草群落的 Patrick 丰富度指数相差并不大。

Simpson 优势度指数反映了群落中物种的优势程度，数值越大，群落中优势物种越少。牛心朴子和苦豆子群落 Simpson 优势度指数最高；蒙古冰草群落、甘草群落、黑沙蒿群落 Simpson 优势度指数相差不大；长芒草群落 Simpson 优势度指数最小，与其他群落 Simpson 优势度指数均达到极显著差异（$P<0.01$）。

牛心朴子和苦豆子群落 Pielou 均匀度指数较大，黑沙蒿、甘草、蒙古冰草群落次之，长芒草群落 Pielou 均匀度指数最低，这说明牛心朴子和苦豆子群落中物种分布较为均匀，而长芒草群落物种分布的均匀性较差。

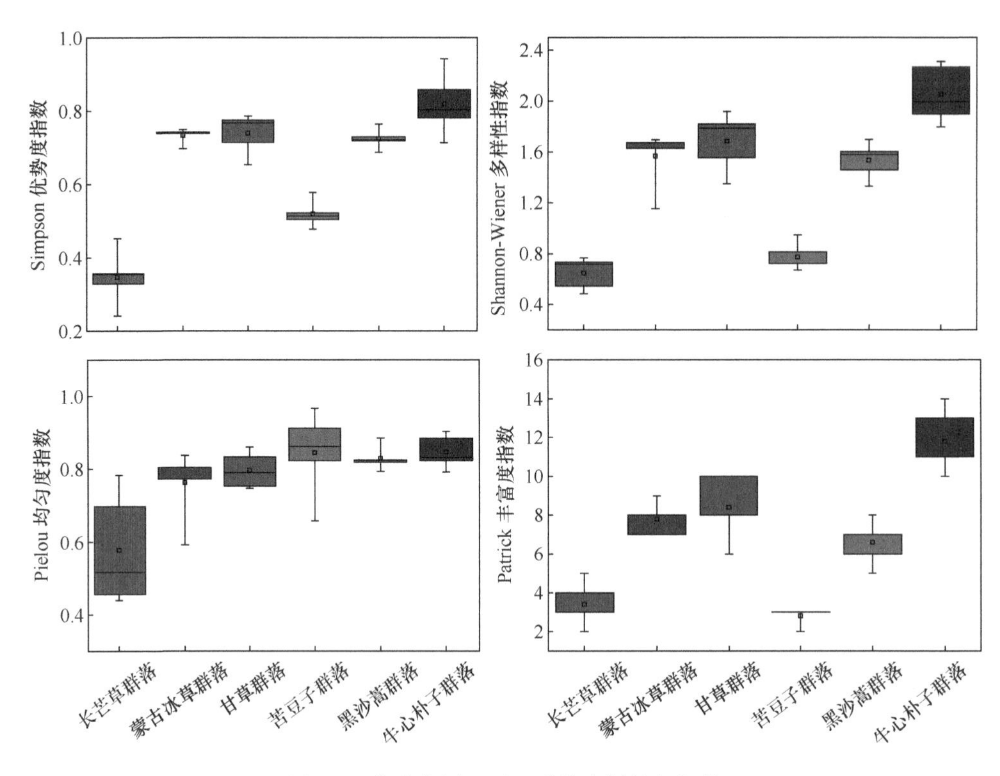

图 2-1 荒漠草原区不同群落多样性各指数

2.3.2 荒漠草原区不同群落生物量与枯落物特征

由图 2-2 可知，荒漠草原区不同群落枯落物量、地上-地下生物量分布表现出一致规律，均表现为地下生物量>地上生物量>枯落物量，即由地上生物量到枯落物的养分归还，再到地下生物量的过程中，如果不考虑外界的干扰，并且具有相同的吸收速率的情况下，那么其有效归还系数逐级递减；蒙古冰草、长芒草、黑沙蒿、甘草、牛心朴子、苦豆子群落地上生物量占总物质量的比例分别为 24.64%、28.94%、34.35%、35.13%、16.44%、18.50%，枯落物量占总物质量的比例分别为 15.37%、19.39%、15.12%、7.77%、11.08%、10.05%，地下生物量占总物质量的比例分别为 60.00%、51.67%、50.53%、57.10%、72.48%、41.45%；不同群落枯落物含量变化范围为 43.92～300.55g·m^{-2}，地上生物量变化范围为 80.28～683.13g·m^{-2}，地下生物量变化范围为 224.42～1004.16g·m^{-2}；蒙古冰草、长芒草、黑沙蒿群落枯落物量及地上和地下生物量明显高于甘草、牛心朴子和苦豆子群落；而牛心朴子群落在后三者中地上生物量最低、地下生物量较高。

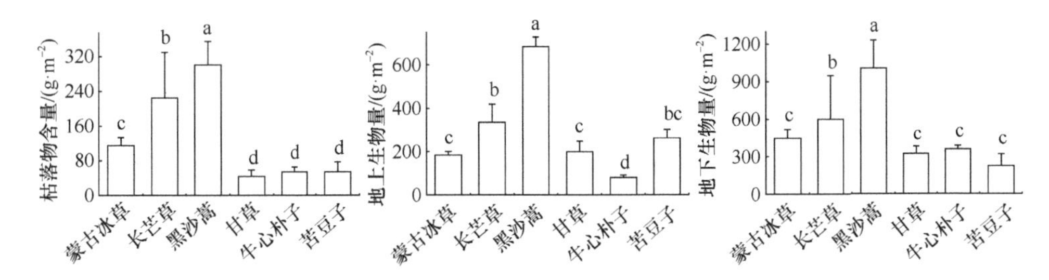

图 2-2　荒漠草原区各群落生物量与枯落物量

2.3.3　荒漠草原区不同群落生物量与枯落物的模型拟合

将荒漠草原区不同群落枯落物量、地上生物量（鲜重）分别与地下生物量（鲜重）（$g·m^{-2}$）进行曲线拟合（研究地上枯落物量、地上生物量对地下生物量贡献率及其生长速率和模式）。由图 2-3 可知，通过曲线最优建立模型得到地上生物量与地下生物量呈指数函数，对应拟合方程为：$y=245.78×e^{0.0018x}$（R^2=0.7311，P=0.032）；枯落物量与地下生物量呈极显著的线性关系，对应拟合方程为：y=2.449x+162.40

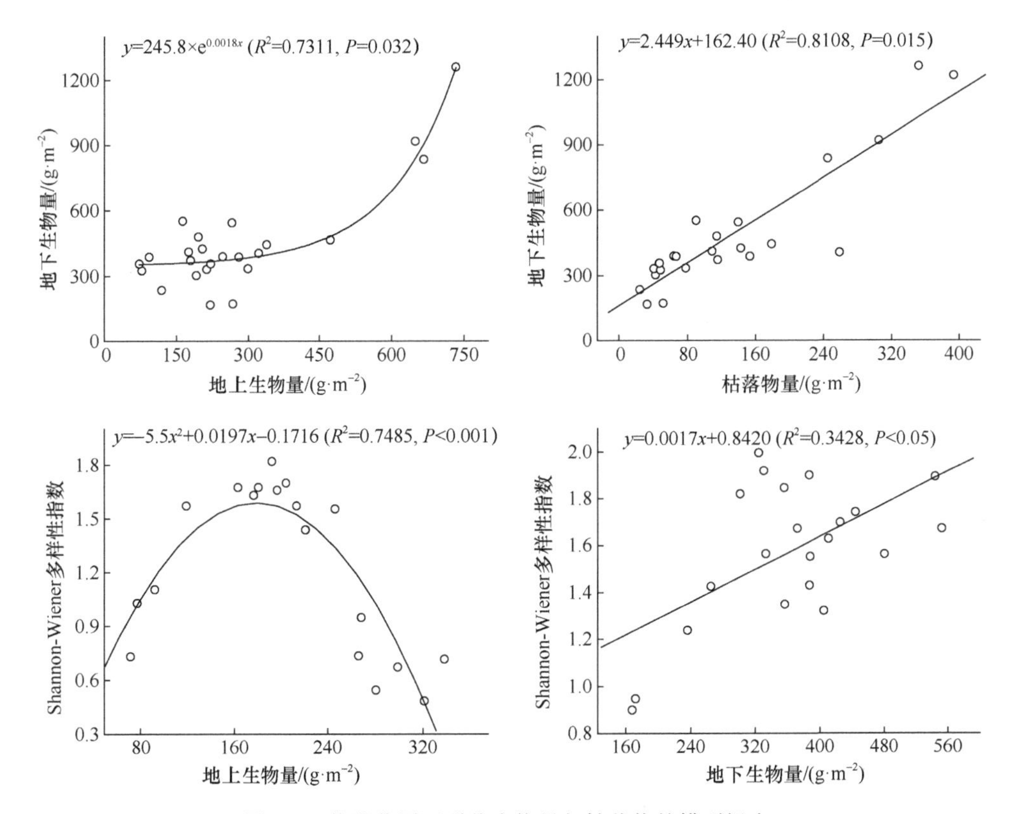

图 2-3　荒漠草原区群落生物量与枯落物的模型拟合

（R^2=0.8108，P=0.015），初步表明了荒漠草原区群落呈异速生长，其中枯落物对荒漠草原区地下生物量贡献较大，说明地下生物量的变化往往更加依赖于地表枯落物量。

采用单元回归法，通过 SPSS 18.00 对所有样方 Shannon-Wiener 多样性指数与地上生物量进行曲线拟合，选择其中较为简单、解释程度高、R^2较大的函数曲线作为最终结果，由图 2-3 可知，群落地上生物量与生物多样性之间呈极显著负非线性相关，相关形式符合单峰曲线，对应方程为：$y=-5.5x^2+0.0197x-0.1716$（R^2=0.7485，P<0.001）；多样性的增加速率是不断变化的，起初多样性指数逐渐增加，一定阶段后渐变缓和，最后趋于下降模式；地下生物量与多样性之间呈显著的线性相关关系，对应方程为：$y=0.0017x+0.8420$（R^2=0.3428，P<0.05），多样性随地下生物量的增加而增加的速率基本保持不变，由此可见，荒漠草原区生物多样性指数的显著变化是群落通过地上和地下生物量的生长速率来调节的。

2.4 荒漠草原区不同群落土壤养分

2.4.1 荒漠草原区不同群落土壤养分垂直分布

由图 2-4 可知，不同群落土壤养分在垂直方向上大致随土层深度的增加呈降低趋势，以 0～5 cm 土层最高，深层（10～15 cm）土壤养分含量最低，“表聚性”较

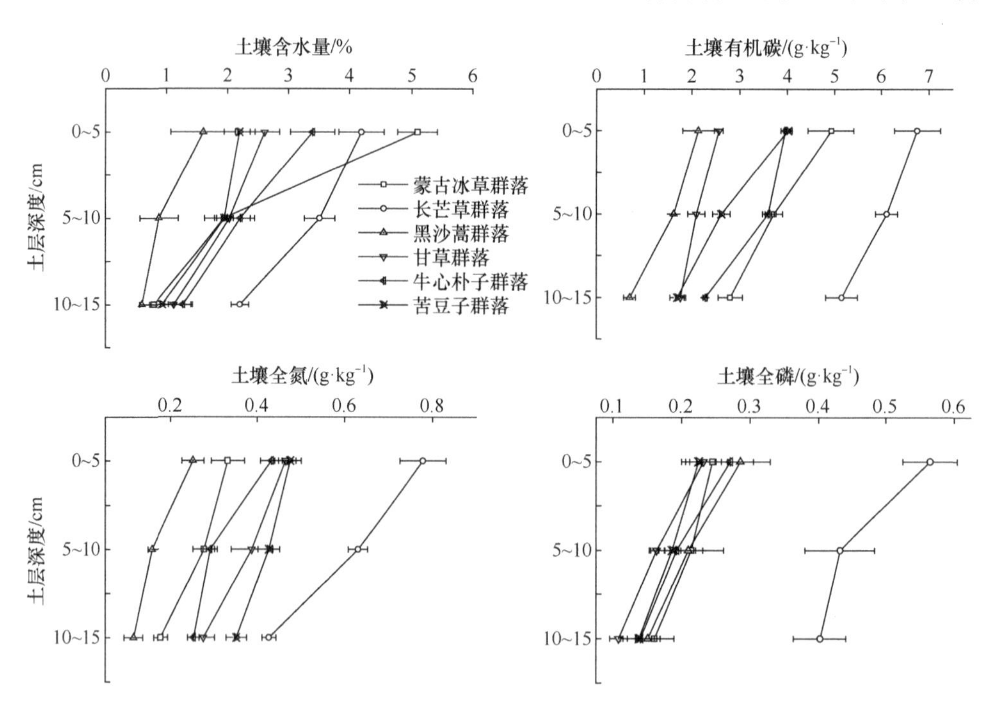

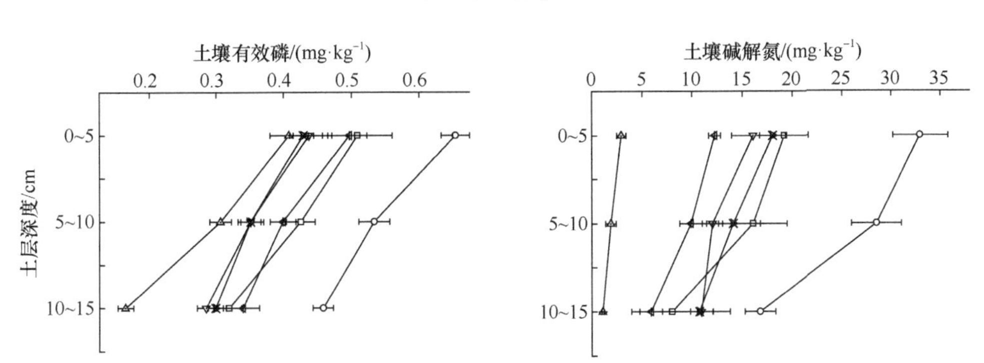

图 2-4　荒漠草原区不同群落土壤养分垂直分布

为明显，5 cm 土层以下不同群落土壤养分急剧下降；同层土壤各群落养分，基本呈现长芒草>蒙古冰草>牛心朴子>苦豆子>甘草>黑沙蒿的规律，局部有所波动。

2.4.2　荒漠草原区不同群落土壤微生物生物量垂直分布

由图 2-5 可知，不同群落土壤微生物生物量碳和氮大致随土层深度的增加呈下降趋势，均以 0～5 cm 土层最高，10～15 cm 土层土壤微生物生物量碳和氮最低；随着土层深度的加深，不同群落土壤微生物生物量碳和氮均相应低于上一土层，呈现出明显的“表聚性”，5 cm 土层以下不同群落土壤微生物生物量碳和氮急剧下降；同层土壤各群落微生物量碳和氮相比，基本表现为长芒草>蒙古冰草>苦豆子>甘草>牛心朴子>黑沙蒿的规律，局部有所波动。

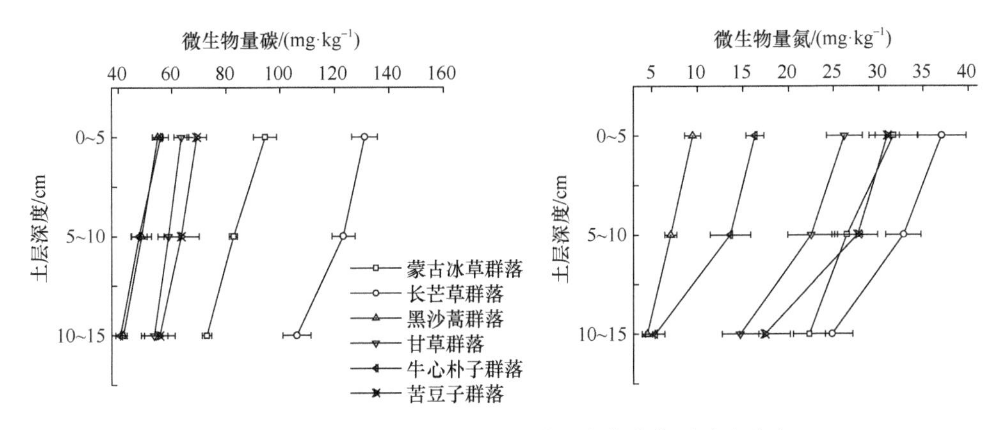

图 2-5　荒漠草原区不同群落土壤微生物生物量垂直分布

2.4.3　荒漠草原区不同群落土壤养分含量比较

土壤养分是影响植物群落分布格局和多样性变化的主要限制性因素，综合图 2-6

的分析可知，荒漠草原区不同群落土壤各养分含量基本保持一致的变化规律，总体看来，长芒草群落土壤养分显著高于其他群落（$P<0.05$），6 种群落土壤含水量表现为：长芒草>蒙古冰草>牛心朴子>甘草>苦豆子>黑沙蒿；土壤有机碳表现为：长芒草>蒙古冰草>牛心朴子>苦豆子>甘草>黑沙蒿；土壤全氮表现为：长芒草>蒙古冰草>牛心朴子>苦豆子>甘草>黑沙蒿；土壤全磷表现为：长芒草>黑沙蒿>蒙古冰草>牛心朴子>苦豆子>甘草，蒙古冰草、黑沙蒿、牛心朴子、苦豆子和甘草之间没有

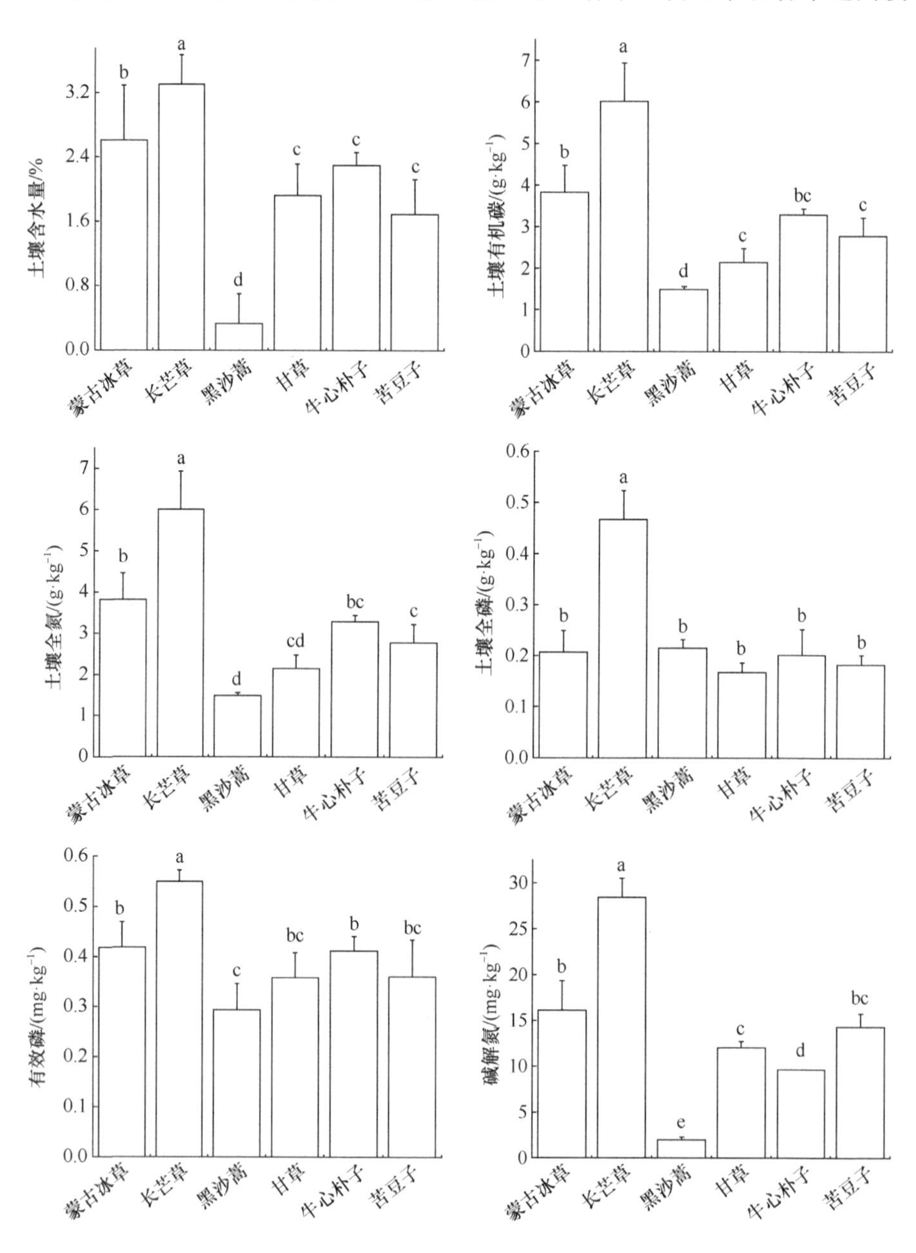

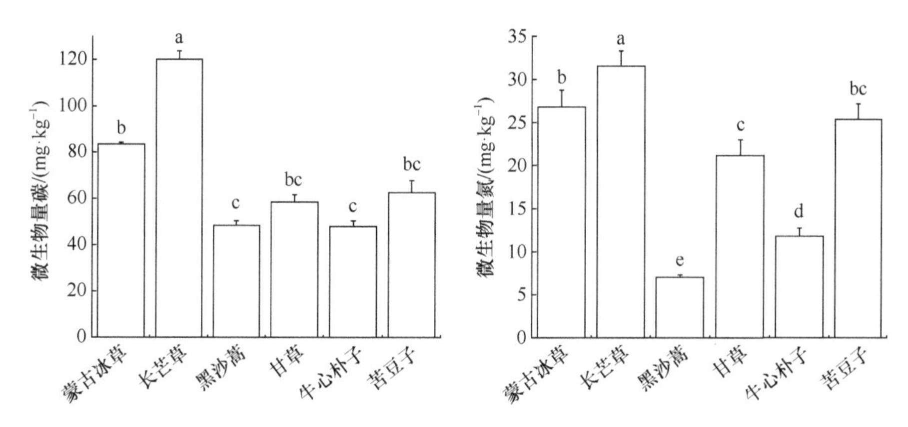

图 2-6　荒漠草原区不同群落土壤养分含量比较

不同小写字母表示不同群落间差异显著（$P<0.05$）。

显著差异（$P>0.05$）；土壤有效磷表现为：长芒草>蒙古冰草>牛心朴子>甘草>苦豆子>黑沙蒿；土壤碱解氮表现为：长芒草>蒙古冰草>苦豆子>甘草>牛心朴子>黑沙蒿；土壤微生物生物量碳表现为：长芒草>蒙古冰草>苦豆子>甘草>牛心朴子>黑沙蒿；土壤微生物生物量氮表现为：长芒草>蒙古冰草>苦豆子>甘草>牛心朴子>黑沙蒿。

2.4.4　荒漠草原区不同群落土壤碳氮相关性

由图 2-7 可知，荒漠草原区不同群落有机碳与全氮呈极显著线性正相关性，线性方程能够反映二者之间的关系和变化趋势，回归方程为 y=7.1559x+0.7571（R^2=0.5076，$P<0.01$）；有机碳与全磷呈极显著线性正相关性，回归方程为 y=0.0587x+0.0482（R^2=0.6435，$P<0.01$）；全氮与全磷呈极显著线性正相关性，回归方程为 y=0.5251x+0.0534（R^2=0.5098，$P<0.01$）；微生物量碳与微生物量氮呈极显著线性正相关性，回归方程为 y=0.2774x+1.4370（R^2=0.6497，$P<0.01$）；有机碳与微生物量碳呈极显著线性正相关性，回归方程为 y=13.447x+28.183（R^2=0.7463，$P<0.01$）；全氮与微生物量氮呈极显著线性正相关性，回归方程为 y=37.491x+8.0284（R^2=0.4843，$P<0.01$）。

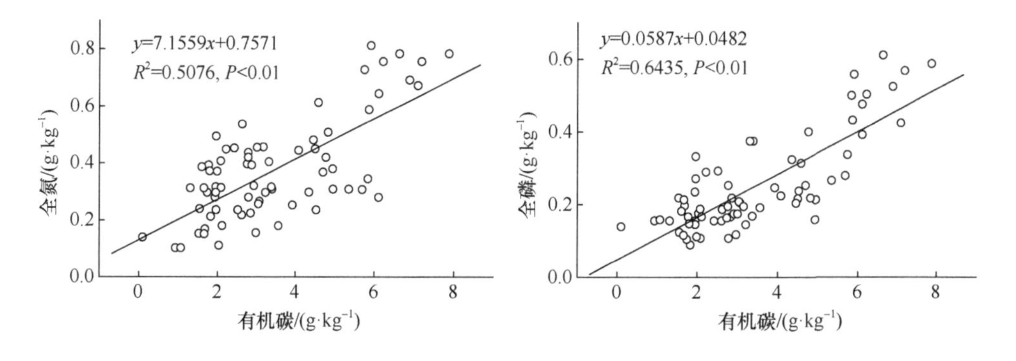

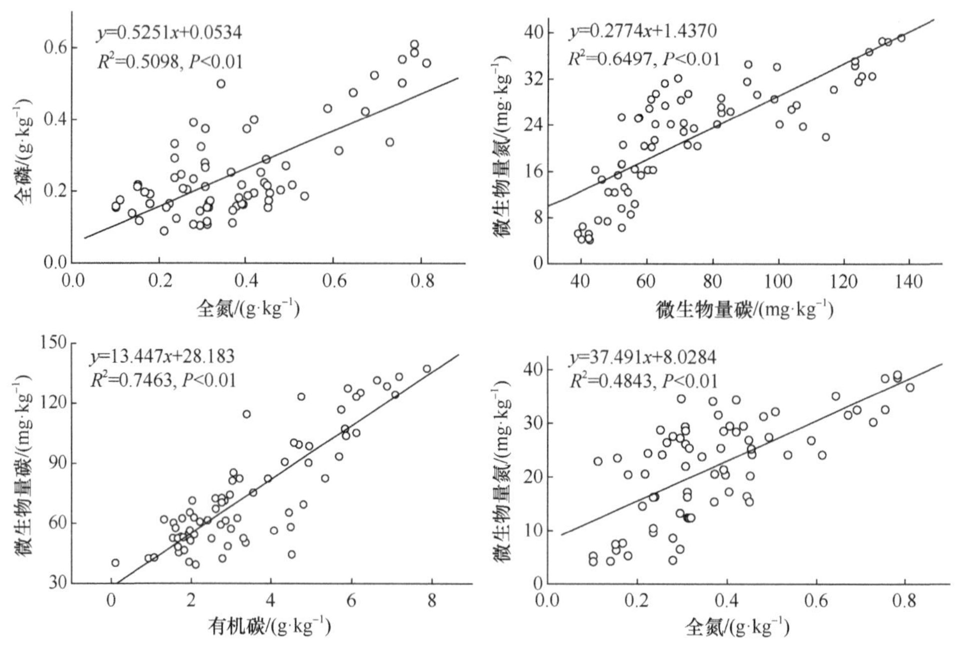

图 2-7　荒漠草原区不同群落土壤碳氮相关性

2.4.5　荒漠草原区不同群落多样性与土壤相关性分析

由表 2-2 可知，土壤容重与均匀度指数呈极显著正相关（P<0.01），与多样性

表 2-2　荒漠草原区不同群落各指标 Pearson 相关性分析

	丰富度指数	均匀度指数	多样性指数	优势度指数	地上生物量	地下生物量	枯落物量
容重	0.226	0.606**	0.407*	0.576**	–0.182	–0.242	–0.577**
电导率	0.270	–0.065	0.213	0.068	–0.082	0.270	0.346
pH	0.150	–0.207	0.048	–0.129	0.163	0.133	0.102
含水量	0.146	0.490*	–0.294	0.437*	0.516**	0.490*	–0.088
有机碳	0.548**	0.539**	0.559**	0.687**	0.551**	0.512**	0.599**
全氮	0.418*	0.496*	0.680**	0.796**	0.142	0.408*	0.050
全磷	0.312	0.608**	0.641**	0.777**	0.226	0.311	0.309
有效磷	0.454*	0.645**	0.439*	0.610**	–0.232	0.489*	0.164
碱解氮	0.532**	0.666**	0.477*	0.773**	0.223	0.541**	0.128
微生物量碳	0.552**	0.715**	0.689**	0.785**	0.000	–0.088	0.364
微生物量氮	0.554**	0.482*	0.636**	0.658**	–0.326	–0.489	–0.071

**表示相关性在 0.01 水平上显著，*表示相关性在 0.05 水平上显著。

指数呈显著正相关（$P<0.05$），与枯落物量呈极显著负相关（$P<0.01$）；土壤有机碳与地上生物量、地下生物量、丰富度指数、多样性指数、均匀度指数和优势度指数均呈极显著的正相关（$P<0.01$）；土壤全氮与多样性指数和优势度指数呈极显著正相关（$P<0.01$），与丰富度指数、均匀度指数和地下生物量呈显著正相关（$P<0.05$）；全磷与均匀度指数、多样性指数和优势度指数呈极显著正相关（$P<0.01$）；有效磷与均匀度指数、优势度指数呈极显著正相关（$P<0.01$）；碱解氮与丰富度指数、均匀度指数、优势度指数和地下生物量呈极显著正相关（$P<0.01$），与多样性指数呈显著正相关（$P<0.05$）；微生物量碳和微生物量氮与丰富度指数、多样性指数、优势度指数呈极显著正相关（$P<0.01$）。

2.4.6　荒漠草原区不同群落植物多样性冗余分析

为了更好地揭示植物多样性与土壤之间的相互关系，本研究采用冗余分析（redundancy analysis，RDA）的方法进行排序，通过对 6 种不同群落土壤理化性质及养分等指标进行对比分析，将不同群落多样性各指数（丰富度指数 *S*，优势度指数 *D*，多样性指数 *H*，均匀度指数 *JP*）作为响应变量（response variable），土壤养分和理化性质等指标（枯落物含量 LI，地上生物量 AB，地下生物量 UB，土壤容重 BD，土壤含水量 SW，电导率 EC，土壤有机碳 SOC，土壤全氮 TN，土壤全磷 TP，土壤碱解氮 AN，土壤有效磷 AP，微生物量碳 MBC，微生物量氮 MBN）作为解释变量（explaining variable），利用多元统计分析的手段（主要是

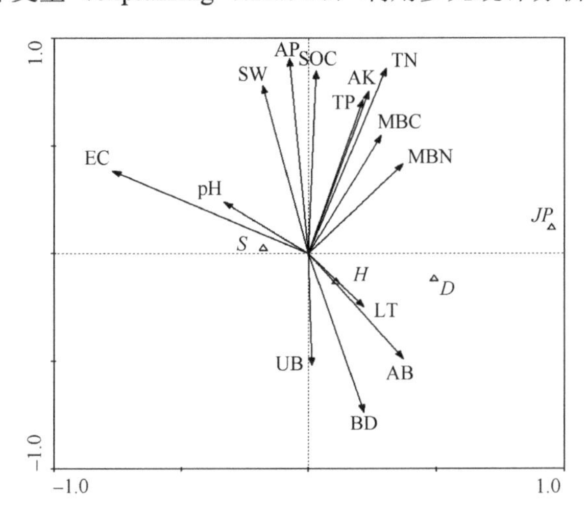

图 2-8　群落多样性与土壤因子的 RDA 排序图

环境因子：LT，枯落物含量；AB，地上生物量；UB，地下生物量；BD，土壤容重；SW，土壤含水量；EC，电导率；SOC，土壤有机碳；TN，土壤全氮；TP，土壤全磷； AP，土壤有效磷；MBC，微生物量碳；MBN，微生物量氮。*H*，多样性指数；*JP*，均匀度指数；*S*，丰富度指数；*D*，优势度指数。

RDA），提取能够明显解释影响群落变化的指标。作为一种直接梯度排序的方法，RDA 可以在独立保持各变量对环境贡献率的基础上，在不同的变量组合形式下进行单个变量的特征描述，并且将研究对象和环境因子排序在一个图上。如图 2-8 所示，RDA 图能直观地显示各变量之间的相关关系，箭头所处的象限表示环境因子与排序轴的相关性，箭头连线的长度表示某个环境因子与响应变量的相关程度，连线越长，其相关性和贡献率越大。不同箭头夹角大小代表着响应变量与环境因子的相关性程度，箭头与排序轴、箭头与箭头之间的夹角代表某个环境因子与排序轴或者某两个环境因子的相关性，夹角大于 90°，则呈负相关。

由表 2-3 可知，RDA 排序图的前 2 个排序轴特征值分别为 0.625 和 0.331，第一排序轴可反映不同群落多样性与土壤因子的梯度变化特征。不同群落多样性与环境因子 2 个排序轴的相关性均为 1.000，前 2 个排序轴的特征值（变量解释率）占到了 97.15%，蒙特卡罗检验分析环境因子对群落多样性的影响达到显著性（第一轴 P=0.004，F=3.18；第二轴 P=0.003，F=2.79），因此，RDA 排序图能够很好地解释环境因子（主要是土壤养分各指标）对群落多样性的影响，同时，排序轴特征值均小于真实的特征值，可以用于解释变异程度。结果显示，6 种群落丰富度指数（S）与均匀度指数（JP）呈负相关，与电导率、pH 和土壤其他养分指标呈正相关；多样性指数（H）和优势度指数（D）更加依赖于枯落物量、地上和地下生物量。沿着 RDA 的第 1 排序轴，随着显著性影响因子（土壤养分各指标）的增加，多样性指数（H）增加；沿第 2 排序轴，随着土壤电导率和 pH 的增加，群落多样性指数（H）逐渐降低。

表 2-3 RDA 排序结果

排序轴	轴 1	轴 2
特征值	0.625	0.331
变量累积百分比		
物种数据	62.3	85.6
物种-环境关系	62.3	85.6
蒙特卡罗检验		
P 值	0.004	0.003
F 值	3.18	2.79
物种-环境相关性	1.000	1.000
变量解释/%	97.15	
所有特征值之和	1.000	
所有典范特征值之和	1.000	

2.5 总　　结

2.5.1 荒漠草原区不同群落生物量与多样性特征分析

图 2-1 的结果显示了荒漠草原区不同群落多样性指数与丰富度指数、均匀度指数和优势度指数呈现出相同的变化规律，这与彭少麟和陆宏芳[3]的研究结果一致。长芒草群落生物多样性指数、均匀度指数、优势度指数均显著低于其他群落，反映了长芒草群落物种组成或水平格局多为团块状分布，表现出明显的单优群落特征；苦豆子和牛心朴子群落较高的生态优势度，对应的生物多样性较为突出，由长芒草群落到苦豆子和牛心朴子群落的过程中，生物多样性指数增加，种间资源利用竞争和资源分享程度增强，单优群落特征并不明显，这是应对荒漠草原区脆弱环境的结果；豆科植物（甘草）是碱性钙质土的一种指示性植物，本研究结果显示了甘草群落的多样性指数较高，这与该区所处的土壤生境（淡灰钙土）相吻合。综合分析图 2-1 可知，荒漠草原区不同群落物种丰富度、盖度、多样性和空间配置格局构成了不同层次的结构，多样性指数越大，群落结构越复杂，该生态系统对环境波动的缓冲功能就越强[4]。本研究中各群落 Simpson 优势度指数与 Pielou 均匀度指数结构非常相似，说明优势种不明显的群落均匀度较大，而优势种较明显的群落均匀度较小；除了长芒草，其他群落均没有明显的优势种，并且群落具有明显的结构变异性，组成也不稳定。

地表枯落物为物种的生长和发育提供了一定的营养来源，图 2-3 显示了荒漠草原区地表枯落物与地下生物量呈显著的线性关系，初步表明地下生物量的变化更加依赖于地表枯落物含量的多少；牛心朴子和甘草群落生物多样性较高，环境的波动会让二者表现出一定的“缓冲效应”，导致植物覆盖度偏低；植物覆盖度减少了土壤水分的散失，从而保证了枯落物的养分有效归还和利用，有利于生物多样性的提高。

由图 2-3 可知，荒漠草原区群落生物多样性与地上生物量呈单峰曲线关系，表明生物多样性和地上生物量均受种间竞争和环境饱和度上限的影响，初步显示了各群落地上部分种间作用、资源利用程度基本表现一致的规律，与乌云娜等[5]、Leibold 等[6]、Guo 等[7]的研究结果一致。其中单峰曲线最高值区域出现在甘草和牛心朴子群落所分布的区域，变化范围为 1.92～1.35，黑沙蒿群落的下降区域变化范围为 0.81～0.83。从生态位角度考虑，甘草、牛心朴子群落物种生态位较窄，资源竞争并未达到最大；而黑沙蒿半灌木群落物种组成较为单一，对资源竞争较大，因此，黑沙蒿群落生物多样性会随生物量的增大而减小；从甘草、牛心朴子到黑沙蒿群落过程中，生活型发生改变，草本种类减少，种间竞争更加激烈，单位面积地上生物量增加，多样性降低[1]。导致荒漠草原区此类分布格局差异的原因，一方面是由于荒漠草原区年际降水波动大，从而导致多样性和生物量具有较高的变异性；另一方面，因环境最大容量的限制，生物多样性增加到峰值后呈下降趋势。由于生物多样性与生物量之间的相互关系具有尺度特征，不同时空尺度下二者具有不同的表现规律和作用过程。

以往的研究并没有关注地下生物量与生物多样性之间的关系，由图 2-3 可知荒漠草原区生物多样性与地下生物量呈指数函数关系，显示了地下生物量并没有受到种间竞争及环境资源限制的影响，可能是由于荒漠草原区脆弱环境条件下，地下部分协同的积极效应要大于它们之间的竞争排斥效应，因而植物群落多样性越高，地下生物量越高。综合以上分析，表明荒漠草原区各群落通过多样性及生物量来响应其空间异质性，并提高其生存能力，各群落均具有相应的繁殖策略[8, 9]。

大量研究表明，植物地上和地下生物量的分配格局符合等速生长模式[8-10]。本实验以宁夏荒漠草原区 6 种不同群落为研究对象，群落水平地上-地下生物量能够较好地用指数函数拟合，支持异速生长模型。由于取样偏少和采集地下部分偏差较大，无论对于种内还是种间，群落水平根冠比可塑性较大，种群为了自身的生存与繁殖，将更多的生物量分配于营养器官，属于不同资源利用等级的一种物种生存模式，同时也是适应荒漠草原区脆弱环境的一种繁殖策略[10]。

2.5.2 荒漠草原区不同群落土壤养分分布特征分析

土壤结构组成和养分状况是衡量生态系统功能与结构稳定性的重要指标之一，在草原生态系统中，植物、土壤及微生物构成了相互作用和影响的有机整体[11]。土壤养分含量主要取决于有机质的输入和土壤微生物的分解等，有机物质的输入受气候条件、降雨格局、养分有效性、土壤含水量、植物生长和外界干扰等影响，有机物质的分解受到土壤理化性质、微生物代谢及酶活性的影响[12]。本研究中不同群落土壤养分随土层深度的增加逐渐降低，表层土壤养分的“表聚性”较为明显（图 2-4），土壤表层枯落物的累积、根系的穿透及分泌物改变了土壤养分，诱发了土壤微生物的多样性和数量的增加，加速了土壤养分循环，根系总数由表层向深层逐级递减，这种根系结构特点有利于根系吸收不同土壤层次的养分，根系在生长过程中改善了土壤物理条件。此外，受根系垂直分布的影响，随着深度的增加，微生物分解活动逐渐减弱，植物残体残留在土壤中越深，其分解速率也就越慢，有机质的输入也就越少，不同群落土壤养分在表层（0～5 cm）土层最高，说明地表枯落物的积累在 0～5 cm 土层贡献较大。由图 2-6 可知，0～15 cm 土层平均土壤养分基本表现为禾本科>豆科>灌木>牛心朴子群落，土壤养分不仅来源于枯落物分解，同时还来源于根系分泌物，而不同群落有机酸的分泌种类和数量以及植物有效吸收效率不同导致了这种差异，同时这也是不同群落适应和协调干旱环境的一种机制。

由图 2-7 可知，荒漠草原植物群落有机碳与全氮呈极显著相关（$P<0.01$），与大部分研究结果相吻合[13, 14]。相关性分析表明，全氮与全磷呈极显著正相关（$P<0.01$），有机碳与全磷没有显著的相关性，有机碳和全氮主要来源于枯落物中土壤植物残体分解合成的有机质，因此，土壤有机碳与全氮呈极显著的正相关，有机碳作为碳源为土壤微生物提供了能源物质，提高了土壤微生物活性，土壤各养分指标可以看成是相互作用的一个有机整体[15, 16]，其中土壤 N、P 与 C∶N、C∶P 之间呈现显著的正相关（$P<0.05$），线性方程能更好地体现这种相关关系，并且 N 含量与 P 含量呈显著的正相关（$P<0.05$），体现了荒漠草原植物群落对土壤中两种营养元素需求变化的一致性，这是荒漠草原上植物能够稳定生长和繁殖的营养保障与基础。

荒漠草原区土壤生态系统内部因子处于动态变化和平衡中，而植物通过改变养分利用策略适应环境变化，它们之间可以看成是相互作用和影响的一个有机整体[15, 16]。Pearson 相关性分析结果显示，土壤养分与群落多样性各指标之间具有较强的相关性，说明荒漠草原区群落多样性与土壤养分和微生物量等地下生态系统各指标之间具有统一性，同时也说明了土壤养分各指标之间的相互影响和作用。不同群落多样性与土壤因子的分析表明（图 2-8），冗余分析最大的优势在于能独立保持环境因子对不同群落变化的贡献率，对其外部环境也呈现出显著的反馈作用。综合图 2-8 中环境因子箭头、连线长度和夹角情况，结果表明，多样性对土壤含水量、有机碳、全氮、全磷反应较为敏感，这些敏感指标反映了对其生境的指示作用，也能够表征荒漠草原的敏感性，但还需要深入研究不同群落多样性与生态因子之间的内在联系，进而揭示群落结构和分布格局。此外，本研究利用冗余分析手段初步探讨了荒漠草原区环境因子与多样性之间的关系，大尺度下利用环境因子解释多样性的分布格局仍有待进一步探讨。

参 考 文 献

[1] Loreau M, Naeem S, Inchausti P, et al. Biodiversity and ecosystem functioning: Current knowledge and future challenges[J]. Science, 2001, 294: 804-808.

[2] Hector A, Bagchi R. Biodiversity and ecosystem multifunctionality[J]. Nature, 2007, 448(7150): 188-190.

[3] 彭少麟, 陆宏芳. 恢复生态学焦点问题[J]. 生态学报, 2003, 23(7): 1249-1257.

[4] Petchey O L, McPhearson P T, Casey T M, et al. Environmental warming alters food-web structure and ecosystem function[J]. Nature, 1999, 402(6757): 69-72.

[5] 乌云娜, 张云飞. 草原植物群落物种多样性与生产力的关系[J]. 内蒙古大学学报(自然科

学版), 1997, 28(5): 667-673.
[6] Leibold M A. Biodiversity and nutrient enrichment in pond plankton communities[J]. Evolutionary Ecology Research, 1999, 1(1): 73-95.
[7] Guo Q, Berry W L. Species richness and biomass: dissection of the hump-shaped relationships[J]. Ecology, 1998, 79(7): 2555-2559.
[8] Tilman D, Downing J A. Biodiversity and Stability in grasslands[J]. Nature, 1994, 367: 363-365.
[9] Tilman D, Wedln D, Knops J. Productivity and sustainability influenced by biodiversity in grassland ecosystems[J]. Nature, 1996, 379: 718-720.
[10] Witcombe J R, Joshi A, Joshi K D, et al. Farmer participatory crop improvement. I. Varietal selection and breeding methods and their impact on biodiversity[J]. Experimental Agriculture, 1996, 32(4): 445-460.
[11] Grigulis K, Lavorel S, Krainer U, et al. Relative contributions of plant traits and soil microbial properties to mountain grassland ecosystem services[J]. Journal of Ecology, 2013, 101(1): 47-57.
[12] García - Palacios P, Maestre F T, Gallardo A. Soil nutrient heterogeneity modulates ecosystem responses to changes in the identity and richness of plant functional groups[J]. Journal of Ecology, 2011, 99(2): 551-562.
[13] Bruun E W, Ambus P, Egsgaard H, et al. Effects of slow and fast pyrolysis biochar on soil C and N turnover dynamics[J]. Soil Biology and Biochemistry, 2012, 46: 73-79.
[14] Berthrong S T, PIneiro G, Jobbágy E G, et al. Soil C and N changes with afforestation of grasslands across gradients of precipitation and plantation age[J]. Ecological Applications, 2012, 22(1): 76-86.

第3章　荒漠草原区不同群落水平化学计量学研究

3.1　荒漠草原区不同群落水平化学计量学特征

3.1.1　不同群落水平叶片化学计量学特征

对荒漠草原区不同植物在群落水平叶片C、N、P及其变异特征的分析表明（表3-1），C含量变化范围为424.52～477.10g·kg^{-1}，变异系数变化范围0.002～0.037；N含量变化范围为21.73～29.73g·kg^{-1}，变异系数变化范围0.006～0.062；P含量变化范围为1.40～1.75g·kg^{-1}，变异系数变化范围0.020～0.046；C∶N变化范围为15.03～21.60，变异系数变化范围0.031～0.062；C∶P变化范围为261.84～340.49，变异系数变化范围0.018～0.071；N∶P变化范围为14.01～19.43，变异系数变化范围0.040～0.083。

表3-1　荒漠草原区不同群落水平叶片化学计量学特征

	长芒草群落	蒙古冰草群落	甘草群落	苦豆子群落	黑沙蒿群落	牛心朴子群落	均值
C含量/（g·kg^{-1}）	458.52±2.19b	453.36±8.87c	424.52±15.86e	446.17±0.70d	477.10±6.53a	451.60±4.35c	451.89±6.42
变异系数（CV）	0.005	0.020	0.037	0.002	0.014	0.010	0.014
N含量/（g·kg^{-1}）	24.68±1.52c	23.88±1.39c	26.02±0.81b	29.73±1.40a	22.10±0.72cd	21.73±1.36d	24.69±0.72
变异系数（CV）	0.006	0.058	0.031	0.047	0.062	0.062	0.029
P含量/（g·kg^{-1}）	1.75±0.08a	1.74±0.08a	1.54±0.07b	1.53±0.03b	1.40±0.08c	1.52±0.05b	1.58±0.06
变异系数（CV）	0.046	0.045	0.045	0.020	0.030	0.030	0.038
C∶N	18.64±1.16b	18.95±1.06b	16.32±0.68c	15.03±0.70c	21.60±0.67a	20.83±1.12a	18.56±0.90
变异系数（CV）	0.062	0.056	0.041	0.047	0.031	0.054	0.048
C∶P	261.84±11.74d	264.55±9.53d	276.66±19.85c	291.68±5.26b	340.49±14.25a	297.31±10.32b	288.76±11.83
变异系数（CV）	0.045	0.036	0.071	0.018	0.042	0.035	0.041
N∶P	14.10±1.16c	14.01±1.16c	16.96±1.18b	19.43±0.78a	15.77±0.74bc	14.31±1.13c	15.76±1.03
变异系数（CV）	0.082	0.083	0.070	0.040	0.047	0.079	0.065

注：同行不同小写字母表示不同群落间的差异显著（P<0.05）。下同。

3.1.2　不同群落水平枯落物化学计量学特征

由表3-2可知，不同群落水平枯落物C含量变化范围为313.32～437.37g·kg^{-1}，变异系数变化范围0.050～0.519；N含量变化范围为8.93～18.20g·kg^{-1}，变异系数变化范围0.060～0.198；P含量变化范围为0.46～0.80g·kg^{-1}，变异系数变化范围

0.041～0.075；C∶N 变化范围为 19.20～49.23，变异系数变化范围 0.045～0.221；C∶P 变化范围为 464.29～721.04，变异系数变化范围 0.084～0.123；N∶P 变化范围为 11.32～37.20，变异系数变化范围 0.032～0.156。

表 3-2 荒漠草原区不同群落水平枯落物化学计量学特征

	长芒草群落	蒙古冰草群落	甘草群落	苦豆子群落	黑沙蒿群落	牛心朴子群落	均值
C 含量/$(g \cdot kg^{-1})$	400.74±23.92b	355.74±17.65d	313.32±40.53e	352.57±18.29d	437.37±33.86a	369.70±45.02c	371.57±29.88
变异系数（CV）	0.060	0.050	0.129	0.519	0.077	0.122	0.080
N 含量/$(g \cdot kg^{-1})$	10.38±1.12c	9.14±1.17cd	16.30±0.98b	18.20±0.36a	8.93±0.64d	9.50±0.98cd	12.08±0.88
变异系数（CV）	0.108	0.121	0.060	0.198	0.071	0.104	0.073
P 含量/$(g \cdot kg^{-1})$	0.79±0.04a	0.80±0.06a	0.46±0.05c	0.49±0.02c	0.68±0.04b	0.56±0.04bc	0.62±0.04
变异系数（CV）	0.053	0.075	0.055	0.041	0.052	0.064	0.065
C∶N	38.92±4.23b	37.80±3.45b	19.20±1.99c	19.37±0.87c	49.23±6.53a	39.51±8.74b	34.01±4.30
变异系数（CV）	0.109	0.091	0.104	0.045	0.133	0.221	0.126
C∶P	508.65±43.55d	464.29±41.11e	679.21±57.17b	721.04±62.57a	648.98±79.63c	660.33±71.17b	613.75±59.20
变异系数（CV）	0.086	0.089	0.084	0.087	0.123	0.108	0.096
N∶P	13.12±0.93c	11.32±1.51c	35.44±1.51a	37.20±2.23a	13.20±0.44c	17.07±2.66b	21.23±1.55
变异系数（CV）	0.071	0.122	0.032	0.060	0.033	0.156	0.073

3.1.3 不同群落水平根系化学计量学特征

由表 3-3 可知，不同群落水平根系 C 含量变化范围为 245.92～448.45$g \cdot kg^{-1}$，变异系数变化范围 0.103～0.143；N 含量变化范围为 5.84～17.71$g \cdot kg^{-1}$，变异系数变化范围 0.057～0.149；P 含量变化范围为 0.42～0.62$g \cdot kg^{-1}$，变异系数变化范围 0.140～0.333；C∶N 变化范围为 23.69～61.86，变异系数变化范围 0.051～0.246；C∶P 变化范围为 431.44～972.55，变异系数变化范围 0.077～0.162；N∶P 变化范围为 10.25～39.95，变异系数变化范围 0.074～0.174。

表 3-3 荒漠草原区不同群落水平根系化学计量学特征

	长芒草群落	蒙古冰草群落	甘草群落	苦豆子群落	黑沙蒿群落	牛心朴子群落	均值
C 含量/$(g \cdot kg^{-1})$	350.21±48.49c	245.92±35.12d	408.47±42.13b	419.63±47.23ab	448.45±52.34a	320.46±35.98c	365.52±43.55
变异系数（CV）	0.139	0.143	0.103	0.113	0.117	0.112	0.119
N 含量/$(g \cdot kg^{-1})$	9.20±1.02bc	5.84±0.87c	16.78±0.95a	17.71±1.24a	7.25±0.87c	10.42±1.03b	11.20±1.00
变异系数（CV）	0.111	0.149	0.057	0.070	0.120	0.099	0.089
P 含量/$(g \cdot kg^{-1})$	0.62±0.11a	0.57±0.08a	0.42±0.14b	0.51±0.16ab	0.49±0.09ab	0.53±0.07ab	0.52±0.11
变异系数（CV）	0.177	0.140	0.333	0.314	0.184	0.132	0.212
C∶N	38.07±4.78bc	42.11±5.46b	24.34±5.98d	23.69±3.24d	61.86±3.15a	30.75±6.24c	36.80±4.81
变异系数（CV）	0.126	0.130	0.246	0.137	0.051	0.203	0.131
C∶P	564.85±76.58e	431.44±69.78f	972.55±86.38a	822.80±63.74c	915.20±92.45b	604.64±75.41d	718.58±77.39
变异系数（CV）	0.136	0.162	0.089	0.077	0.101	0.125	0.108
N∶P	14.84±2.58d	10.25±1.37e	39.95±3.02a	34.73±2.58b	14.80±2.49d	19.66±2.41c	17.45±2.41
变异系数（CV）	0.174	0.134	0.076	0.074	0.168	0.123	0.138

3.2　荒漠草原区不同个体水平化学计量学特征

3.2.1　不同个体水平叶片化学计量学特征

荒漠草原区不同植物个体水平叶片化学计量特征呈现不同变化趋势(表 3-4)，不同个体叶片水平 C 含量变化范围为 387.36～458.64g·kg^{-1}，变异系数变化范围 0.038～0.058；N 含量变化范围为 12.32～25.24g·kg^{-1}，变异系数变化范围 0.013～0.033；P 含量变化范围为 0.82～1.56g·kg^{-1}，变异系数变化范围 0.007～0.026；C∶N 变化范围为 17.38～31.44，变异系数变化范围 0.033～0.108；C∶P 变化范围为 287.17～472.39，变异系数变化范围 0.038～0.096；N∶P 变化范围为 12.39～18.84，变异系数变化范围 0.009～0.044。

表 3-4　荒漠草原区不同个体水平叶片化学计量学特征

	长芒草	蒙古冰草	甘草	苦豆子	黑沙蒿	牛心朴子	均值
C 含量/（g·kg^{-1}）	458.64±21.75a	446.82±19.13b	439.37±18.37c	438.55±20.14c	435.41±17.25c	387.36±22.58d	434.36±19.87
变异系数（CV）	0.047	0.043	0.042	0.046	0.038	0.058	0.046
N 含量/（g·kg^{-1}）	19.33±0.43b	16.91±0.56c	24.59±0.37a	25.24±0.34a	15.27±0.29c	12.32±0.41d	18.94±0.40
变异系数（CV）	0.022	0.033	0.019	0.013	0.019	0.033	0.021
P 含量/（g·kg^{-1}）	1.56±0.04a	1.34±0.03ab	1.53±0.01a	1.34±0.03ab	1.05±0.02b	0.82±0.02b	1.27±0.03
变异系数（CV）	0.026	0.022	0.007	0.022	0.019	0.024	0.023
C∶N	23.73±1.17c	26.42±1.54b	17.87±1.65d	17.38±1.87d	29.69±1.58a	31.44±1.05a	23.92±1.48
变异系数（CV）	0.049	0.058	0.092	0.108	0.053	0.033	0.062
C∶P	294.00±28.37d	333.45±25.12c	287.17±14.25d	327.28±13.78c	431.82±16.54b	472.39±21.46a	357.69±19.94
变异系数（CV）	0.096	0.075	0.050	0.042	0.038	0.045	0.056
N∶P	12.39±0.23c	12.62±0.56c	16.07±0.15ab	18.84±0.75a	14.54±0.17bc	15.02±0.26b	14.91±0.35
变异系数（CV）	0.019	0.044	0.009	0.040	0.012	0.017	0.023

3.2.2　不同个体水平根系化学计量学特征

由表 3-5 可知，不同个体根系水平 C 含量变化范围为 217.94～457.32g·kg^{-1}，变异系数变化范围 0.095～0.270；N 含量变化范围为 4.94～18.39g·kg^{-1}，变异系数变化范围 0.074～0.198；P 含量变化范围为 0.37～1.07g·kg^{-1}，变异系数变化范围 0.117～0.242；C∶N 变化范围为 23.57～92.57，变异系数变化范围 0.180～0.320；C∶P 变化范围为 315.52～1236.00，变异系数变化范围 0.085～0.228；N∶P 变化范围为 12.15～17.85，变异系数变化范围 0.169～0.291。

表 3-5　荒漠草原区不同个体水平根系化学计量学特征

	长芒草	蒙古冰草	甘草	苦豆子	黑沙蒿	牛心朴子	均值
C 含量/($g \cdot kg^{-1}$)	323.11±42.45c	217.94±58.76d	436.84±54.79b	433.45±43.56b	457.32±46.58a	435.37±41.38b	384.01±47.92
变异系数（CV）	0.131	0.270	0.125	0.100	0.102	0.095	0.125
N 含量/($g \cdot kg^{-1}$)	10.53±0.78b	7.53±1.23c	18.12±2.78a	18.39±2.54a	4.94±0.98d	8.31±1.23bc	11.30±1.59
变异系数（CV）	0.074	0.163	0.153	0.138	0.198	0.148	0.141
P 含量/($g \cdot kg^{-1}$)	0.82±0.18ab	0.62±0.13ab	1.07±0.24a	1.03±0.12a	0.37±0.08b	0.62±0.15ab	0.76±0.15
变异系数（CV）	0.220	0.210	0.224	0.117	0.216	0.242	0.197
C∶N	30.68±5.53c	28.94±6.24c	24.11±5.79d	23.57±7.23d	92.57±25.13a	52.39±16.79b	42.04±11.12
变异系数（CV）	0.180	0.216	0.240	0.307	0.271	0.320	0.265
C∶P	394.03±81.32c	315.52±78.56d	408.26±93.21c	420.83±63.79c	1236.00±105.65a	702.21±88.74b	579.48±85.21
变异系数（CV）	0.206	0.223	0.228	0.152	0.085	0.126	0.147
N∶P	12.84±2.78b	12.15±3.54b	16.93±2.87a	17.85±4.01a	13.35±3.79b	13.40±3.15b	14.42±3.36
变异系数（CV）	0.216	0.291	0.169	0.225	0.284	0.235	0.233

3.3　荒漠草原区不同群落植物与土壤化学计量相关性

3.3.1　不同群落水平化学计量相关性

不同群落水平化学计量相关分析见图 3-1，由图可知，群落水平 N 含量与 C∶N 呈极显著负相关关系（R^2=0.8107，P<0.001），随着群落 N 含量的增加，C∶N 呈幂函数降低趋势；群落水平 P 含量与 C∶P 呈极显著负相关关系（R^2=0.8558，P<0.001），随着群落 P 含量的增加，C∶P 也呈幂函数降低趋势；群落水平 N 含量与 N∶P 呈极显著正相关关系（R^2=0.2377，P<0.001），随着群落 N 含量的增加，N∶P 呈线性增加趋势；群落水平 P 含量与 N∶P 呈极显著负相关关系（R^2=0.2429，P<0.001），随着群落 P 含量的增加，N∶P 呈线性降低趋势。

3.3.2　不同个体水平化学计量相关性

不同个体水平化学计量相关分析见图 3-2，由图可知，个体水平 N 和 P 含量均与 C∶N 呈极显著负相关关系（R^2=0.5481，P<0.001；R^2=0.6197，P<0.001），随着个体 N 和 P 含量的增加，C∶N 呈幂函数降低趋势；个体水平 N 和 P 含量均与 C∶P 呈极显著负相关关系（R^2=0.4566，P<0.001；R^2=0.5828，P<0.001），随着个体 N 和 P 含量的增加，C∶P 也呈幂函数降低趋势；个体水平 N 含量与 N∶P 呈极显著正相关关系（R^2=0.4344，P<0.001），随着个体 N 含量的增加，N∶P 呈线性增加趋势。

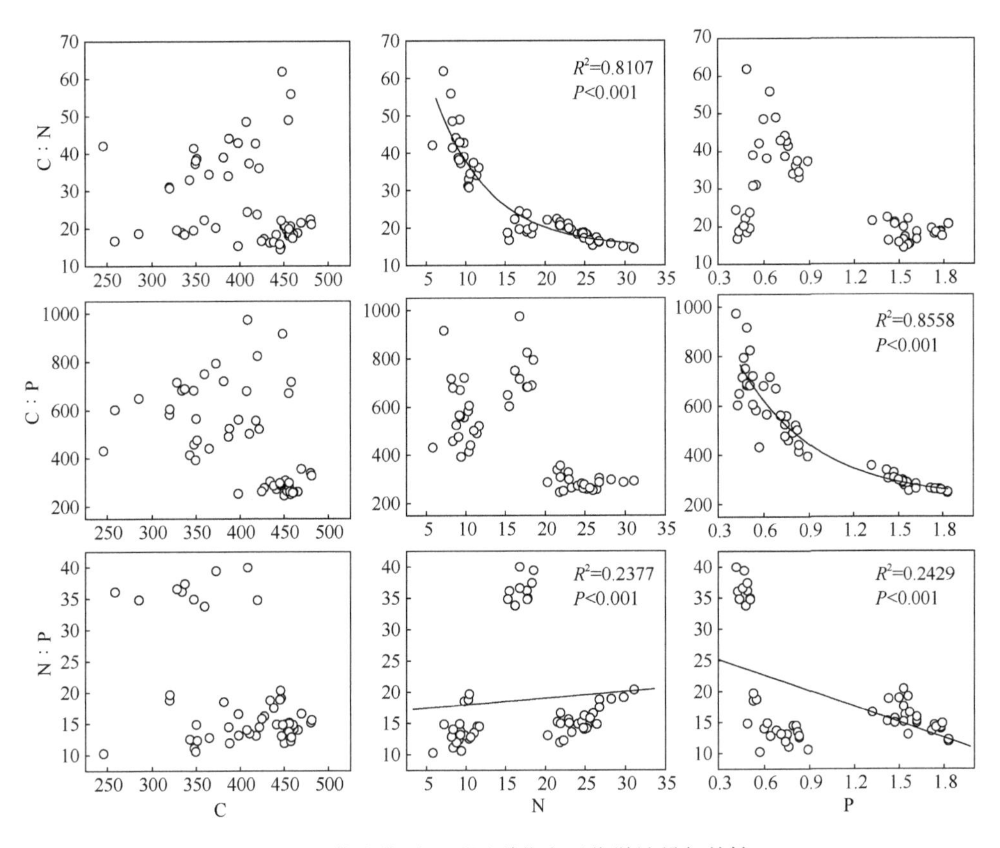

图 3-1　荒漠草原区不同群落水平化学计量相关性

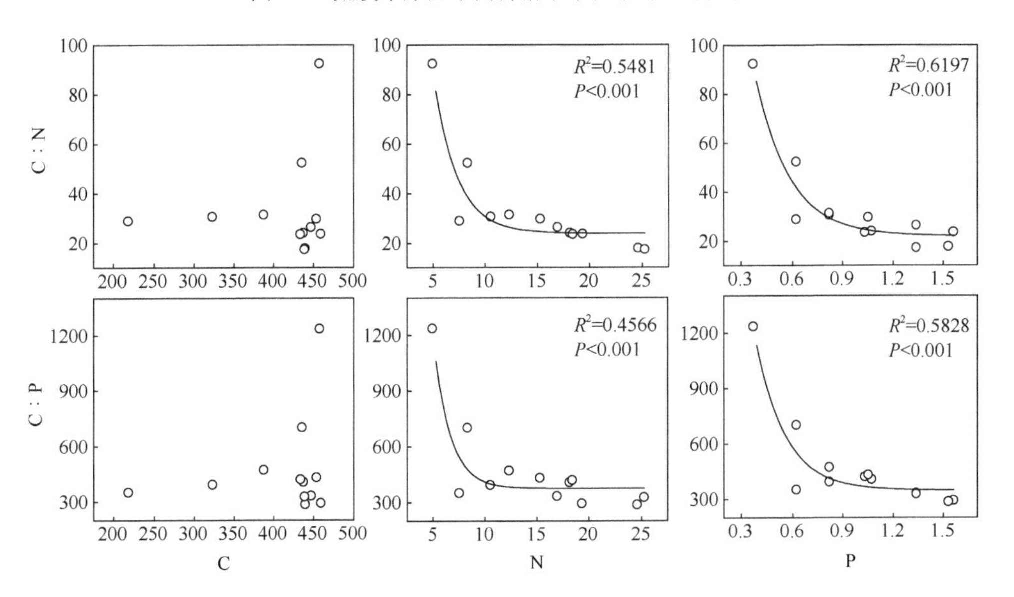

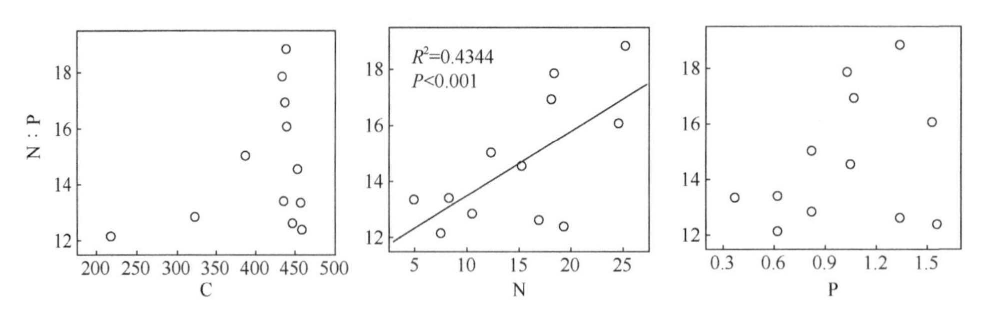

图 3-2　荒漠草原区不同个体水平化学计量相关性

3.3.3　不同群落及叶片化学计量相关性

不同植物群落及叶片化学计量相关分析见图 3-3。由图可知，群落 C 与 N 含量呈极显著线性正相关关系（y=0.0866x–15.489，R^2=0.4510，P<0.01），群落 N 与 P 含量呈极显著线性正相关关系（y=0.0061x–1.2503，R^2=0.4256，P<0.01）；

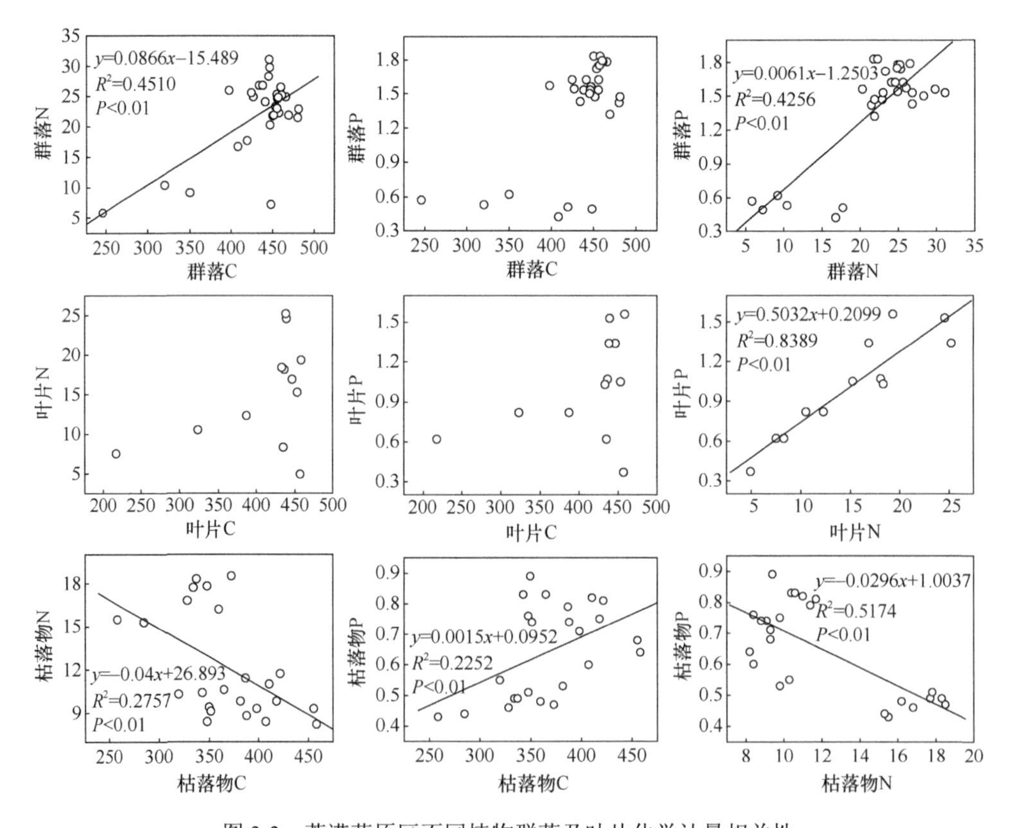

图 3-3　荒漠草原区不同植物群落及叶片化学计量相关性

叶片 N 与 P 含量呈极显著线性正相关关系（y=0.5032x+0.2099，R^2=0.8389，P<0.01）；枯落物 C 与 N 含量呈极显著线性负相关关系（y=–0.0400x+26.893，R^2=0.2757，P<0.01）；枯落物 C 与 P 含量呈极显著线性正相关关系（y=0.0015x+0.0952，R^2=0.2252，P<0.01）；枯落物 N 与 P 含量呈极显著线性负相关关系（y=–0.0296x+1.0037，R^2=0.5174，P<0.01）。

3.3.4　不同群落土壤养分与植物化学计量相关性

荒漠草原区植物群落不同土层土壤养分与不同水平的植物化学计量 Pearson 相关性分析表明（表 3-6），0～5 cm 土壤 SOC 与群落叶片 C、枯落物 C 和 N、群落根系 C 和 N、个体叶片 C、个体根系 C 和 N 呈极显著正相关（P<0.01），与群落叶片 N、枯落物 P、群落根系 P、个体叶片 N、个体根系 P 呈显著正相关（P<0.05）；5～10 cm 土壤 SOC 与群落叶片 C、枯落物 C、群落根系 C、个体根系 C 呈极显著正相关（P<0.01），与枯落物 N、群落根系 N、个体叶片 C 呈显著正相关（P<0.05）；10～15 cm 土壤 SOC 与群落根系 C、个体叶片 C、个体根系 C 呈极显著正相关（P<0.01），与群落叶片 C、枯落物 C 呈显著正相关（P<0.05）。

表 3-6　荒漠草原区不同群落土壤养分与植物化学计量相关性

	土壤 SOC			土壤 TN			土壤 TP		
	0～5cm	5～10cm	10～15cm	0～5cm	5～10cm	10～15cm	0～5cm	5～10cm	10～15cm
群落叶片 C	0.825**	0.652**	0.412*	0.853**	0.553**	0.265	0.423	0.214	0.103
群落叶片 N	0.524*	0.309	0.365	0.912**	0.607**	0.624**	0.314	0.056	0.215
群落叶片 P	0.217	0.108	0.203	0.503*	0.213	0.087	0.627**	0.307	0.316
枯落物 C	0.915**	0.886**	0.512*	0.769**	0.126	0.543*	0.265	0.321	0.257
枯落物 N	0.723**	0.423*	0.223	0.855**	0.623**	0.601**	0.322	0.409	0.059
枯落物 P	0.514*	0.217	0.107	0.254	0.357	0.105	0.472*	0.512*	0.479*
群落根系 C	0.886**	0.623**	0.657**	0.774**	0.331	0.224	0.105	0.078	0.314
群落根系 N	0.563**	0.395*	0.336	0.942**	0.523*	0.678**	0.348	0.215	0.098
群落根系 P	0.409*	0.213	0.289	0.513*	0.108	0.309	0.423*	0.458*	0.463*
个体叶片 C	0.914**	0.405*	0.623**	0.623**	0.233	0.312	0.235	0.107	0.410
个体叶片 N	0.523*	0.219	0.357	0.567**	0.569**	0.569**	0.465*	0.213	0.236
个体叶片 P	0.109	0.098	0.269	0.316	0.078	0.278	0.657*	0.346	0.247
个体根系 C	0.895**	0.557**	0.568**	0.256	0.226	0.105	0.312	0.278	0.189
个体根系 N	0.654**	0.234	0.219	0.678**	0.456*	0.458*	0.108	0.365	0.243
个体根系 P	0.522*	0.108	0.310	0.462*	0.219	0.316	0.639**	0.569**	0.461*

**表示相关性在 0.01 水平上显著，*表示相关性在 0.05 水平上显著。

0～5 cm 土壤 TN 与群落叶片 C 和 N、枯落物 C 和 N、群落根系 C 和 N、个体叶片 C 和 N、个体根系 N 呈极显著正相关（P<0.01），与群落叶片 P、群落根系 P、个体根系 P 呈显著正相关（P<0.05）；5～10 cm 土壤 TN 与群落叶片 C 和 N、枯落物 N、个体叶片 N 呈极显著正相关（P<0.01），与群落根系 N、个体根系 N 呈显著正相关（P<0.05）；10～15 cm 土壤 TN 与群落叶片 N、枯落物 N、群落根系 N、个体叶片 N 呈极显著正相关（P<0.01），与枯落物 C、个体根系 N 呈显著正相关（P<0.05）。

0～5 cm 土壤 TP 与群落叶片 P、个体根系 P 呈极显著正相关（P<0.01），与枯落物 P、群落根系 P、个体叶片 N 和 P 呈显著正相关（P<0.05）；5～10 cm 土壤 TP 与个体根系 P 呈极显著正相关（P<0.01），与枯落物 P、个体根系 P 呈显著正相关（P<0.05）；10～15 cm 土壤 TP 与枯落物 P、群落根系 P、个体根系 P 呈显著正相关（P<0.05）。

3.3.5 不同群落土壤养分及植物化学计量主成分提取

1. 不同群落土壤养分主成分提取

对不同群落土壤各养分指标数据进行标准化处理后，计算不同群落土壤各组养分的特征值、贡献率和累积贡献率（表 3-7），从而得到各主成分的特征值、贡献率、累计贡献率及其系数。由表 3-7 可知，前三个主成分累计贡献率达到 84.628%，包括了样本大部分信息，各主成分对应系数反映了其贡献大小，第一主成分方差贡献率为 57.847%，第二主成分方差贡献率约 16.320%，第三主成分的方差贡献率约 10.461%。第一主成分与含水量、有机碳、全氮、全磷、碱解氮、有效磷、微生物量碳和氮呈高度正相关，总方差近 85%的贡献来自这 8 个主因素，可以认为含水量、有机碳、全氮、全磷、碱解氮、有效磷、微生物量碳和氮这 8 个主要因素是土壤养分的特征因子（表 3-8）。根据主成分的计算公式，我们对提取的 3 个主成分组合公式列举如下：

第一主成分=0.771Y1–0.468Y2+0.019Y3+0.025Y4+0.837Y5+0.924Y6+0.878Y7+0.870Y8+0.945Y9+0.940Y10+0.833Y11

第二主成分=0.278Y1+0.802Y2–0.803Y3–0.447Y4+0.122Y5–0.075Y6–0.226Y7+0.113Y8+0.029Y9–0.086Y10+0.372Y11

第三主成分= –0.024Y1–0.052Y2–0.449Y3+0.855Y4+0.346Y5–0.157Y6+0.152Y7+0.060Y9–0.048Y9–0.151Y10–0.137Y11

2. 不同群落植物化学计量主成分提取

对不同群落植物化学计量数据进行标准化处理后，计算不同群落植物各组

表 3-7　荒漠草原区不同群落土壤养分各主成分的特征值和贡献率

成分	初始特征值			提取平方和载入		
	合计	方差贡献率/%	累积贡献率/%	合计	方差贡献率/%	累积贡献率/%
1	6.363	57.847	57.847	6.363	57.847	57.847
2	1.795	16.320	74.167	1.795	16.320	74.167
3	1.151	10.461	84.628	1.151	10.461	84.628
4	0.515	4.677	89.306			
5	0.352	3.202	92.508			
6	0.224	2.040	94.547			
7	0.209	1.904	96.451			
8	0.169	1.533	97.983			
9	0.104	0.946	98.929			
10	0.071	0.648	99.578			
11	0.046	0.422	100.000			

表 3-8　荒漠草原区不同群落土壤理化特性与养分变量在各主成分中的载荷系数

项目		成分		
		1	2	3
Y1	含水量	0.771	0.278	–0.024
Y2	容重	–0.468	0.802	0.052
Y3	电导率	0.019	–0.803	–0.449
Y4	pH	0.025	–0.447	0.855
Y5	全氮	0.837	0.122	0.346
Y6	有机碳	0.924	–0.075	–0.157
Y7	全磷	0.878	–0.226	0.152
Y8	有效磷	0.870	0.113	0.060
Y9	碱解氮	0.945	0.029	–0.048
Y10	微生物量碳	0.940	–0.086	–0.151
Y11	微生物量氮	0.833	0.372	–0.137

养分的特征值、贡献率和累积贡献率（表 3-9），从而得到各主成分的特征值、贡献率和累计贡献率及其系数。由表 3-10 可知，前三个主成分累计贡献率已达到 93.495%，包含样本大部分信息，各主成分对应系数反映了其贡献大小，第一主成分的方差贡献率为 53.349%，第二主成分的方差贡献率约 26.370%，第三主成分的方差贡献率约 13.776%。第一主成分与群落叶片 N、枯落物 N、群落根系 N、个体叶片 N 和 P、个体根系 N 呈高度正相关，与群落叶片 C、枯落物 C 和 P 呈高度负相关，总方差近 94%的贡献来自这 9 个主因素，可以认为群落叶片 C 和 N、枯落物 C、N 和 P、群落根系 N、个体叶片 N 和 P、个体根系 N 这 9 个主要因素

是植物化学计量的特征因子。根据主成分的计算公式，我们对提取的 3 个主成分组合公式列举如下：

第一主成分= –0.810Y1+0.831Y2–0.177Y3–0.735Y4+0.976Y5–0.800Y6+0.451Y7+0.969Y8–0.595Y9+0.401Y10+0.983Y11+0.914Y12+0.002Y13+0.896Y14+0.478Y15

第二主成分= –0.208Y1+0.310Y2+0.954Y3–0.265Y4+0.043Y5+0.561Y6–0.590Y7–0.162Y8+0.599Y9–0.868Y10+0.144Y11+0.337Y12+0.497Y13+0.307Y14+0.747Y15

第三主成分= 0.478Y1+0.236Y2–0.175Y3+0.573Y4+0.083Y5+0.212Y6+0.656Y7–0.030Y8+0.017Y9+0.167Y10–0.022Y11–0.095Y12+0.821Y13+0.313Y14+0.363Y15

表 3-9　荒漠草原区不同群落植物化学计量主成分的特征值和贡献率

成分	初始特征值			提取平方和载入		
	合计	方差贡献率/%	累积贡献率/%	合计	方差贡献率/%	累积贡献率/%
1	8.002	53.349	53.349	8.002	53.349	53.349
2	3.956	26.370	79.719	3.956	26.370	79.719
3	2.066	13.776	93.495	2.066	13.776	93.495
4	0.680	4.531	98.026			
5	0.296	1.974	100.000			
6	1.005×10^{-13}	1.031×10^{-13}	100.000			
7	1.003×10^{-13}	1.019×10^{-13}	100.000			
8	1.002×10^{-13}	1.013×10^{-13}	100.000			
9	1.000×10^{-13}	1.002×10^{-13}	100.000			
10	-1.000×10^{-13}	-1.000×10^{-13}	100.000			
11	-1.001×10^{-13}	-1.008×10^{-13}	100.000			
12	-1.002×10^{-13}	-1.011×10^{-13}	100.000			
13	-1.002×10^{-13}	-1.013×10^{-13}	100.000			
14	-1.003×10^{-13}	-1.019×10^{-13}	100.000			
15	-1.004×10^{-13}	-1.027×10^{-13}	100.000			

表 3-10　荒漠草原区不同群落植物化学计量变量在各主成分中的载荷系数

项目		成分		
		1	2	3
Y1	群落叶片 C	–0.810	–0.208	0.478
Y2	群落叶片 N	0.831	0.310	0.236
Y3	群落叶片 P	–0.177	0.954	–0.175
Y4	枯落物 C	–0.735	–0.265	0.573
Y5	枯落物 N	0.976	0.043	0.083

续表

项目		成分		
		1	2	3
Y6	枯落物 P	–0.800	0.561	0.212
Y7	群落根系 C	0.451	–0.590	0.656
Y8	群落根系 N	0.969	–0.162	–0.030
Y9	群落根系 P	–0.595	0.599	0.017
Y10	个体叶片 C	0.401	–0.868	0.167
Y11	个体叶片 N	0.983	0.144	–0.022
Y12	个体叶片 P	0.914	0.337	–0.095
Y13	个体根系 C	0.002	0.497	0.821
Y14	个体根系 N	0.896	0.307	0.313
Y15	个体根系 P	0.478	0.747	0.363

3.3.6　不同群落土壤养分及植物化学计量聚类分析

聚类分析作为一种科学分类方法，根据不同群落的养分特征、物种结构特征、养分差异性指标等，从特征和性质上的亲疏关系、亲密程度出发，定量地确定两个或者两个以上物种间的亲疏和亲缘关系[1, 2]。本研究以不同群落土壤和植物 C、N、P 主成分载荷系数作为评价指标，以欧氏距离作为衡量不同群落土壤和植物 C、N、P 差异的指标，用最短距离法对荒漠草原区不同群落进行系统分析（图 3-4）。由聚类分析数据得到的聚类图较为直观地显示了群落（或者物种）之间的亲疏、亲缘关系。聚类分析的结果表明，当拟定临界值取 12 时，可将其划分为 2 类：1（蒙古冰草群落）和 2（长芒草群落）归为一类（禾本科），3（黑沙蒿群落）、4（甘草群落）、5（牛心朴子群落）、6（苦豆子群落）可归为一类（非禾本科）；当临界值取 2 时，可将其划分为 4 类：4 和 6 归为一类（豆科），3 和 5 分别作为一类，1 和 2 作为一类（禾本科）。本研究首次尝试了在荒漠草原区以不同群落土壤和植物 C、N、P 主成分载荷系数作为评价指标将不同群落进行聚类分析，聚类分析结果可作为群落分类判别的参考和依据。聚类分析的结果与实际情况基本吻合，这有助于对荒漠草原区植物某些生态现象进行合理解释。在生态系统中，可尝试将群落所处生长环境的土壤和植物养分等作为综合指标，从化学计量的角度将群落归类，从而判断该群落类型、生态位及限定养分等。由于不同群落存在广泛的变异，与多种生态环境条件（光照、温度、水分）和人类干扰等众多因素密切相关，因而其判断的可靠性尚需接受实践的检验[1, 2]。

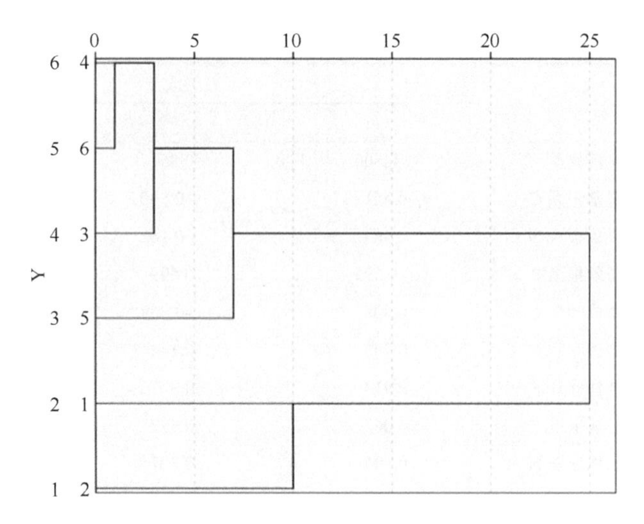

图 3-4 荒漠草原区不同植物群落聚类分析
1 代表蒙古冰草群落，2 代表长芒草群落，3 代表黑沙蒿群落，
4 代表甘草群落，5 代表牛心朴子群落，6 代表苦豆子群落

3.4 总 结

3.4.1 荒漠草原区不同植物叶片化学计量特征分析

C、N、P 在植物生长代谢中发挥着重要的作用，彼此独立而又相互影响，在生长过程中，植物能够调整养分需求，改变各元素相对比例[3, 4]。研究荒漠草原区不同植物 C、N、P 化学计量特征，为荒漠草原区植物生存适应策略、限制元素判断、群落和生态系统结构稳定性提供了有效的数据支撑[5, 6]。从均值来看，荒漠草原区不同植物群落水平、个体水平不同器官、枯落物表现为 C>N>P。此外，植物叶片 C、N、P 含量均高于根系，C 元素主要以有机质形式存在，叶片作为光合作用的主要部位使得糖类得到有效的积累，成为导致叶片 C 含量比根系 C 高的原因[3, 4]。叶片 C 含量（434.36±19.87）$g \cdot kg^{-1}$，与 Elser 等[7]对全球 492 种陆地植物叶片 C 含量（464±32.1）$g \cdot kg^{-1}$ 的结果相比较明显偏低；叶片 N 含量为（18.94±0.40）$g \cdot kg^{-1}$，低于全球水平（20.1$g \cdot kg^{-1}$）[3]；与全球水平叶片 P 含量（1.99$g \cdot kg^{-1}$ 或 1.80$g \cdot kg^{-1}$）相比，该区叶片 P 含量（1.27±0.03）$g \cdot kg^{-1}$ 偏低[3]，但高于全国平均水平（1.21$g \cdot kg^{-1}$）[8]，这与植物叶片营养格局和生长节律有密切关系，植物体内要保持较高的 P 含量以满足 rRNA 快速合成蛋白质，这也证实了在干旱荒漠脆弱的环境下，植物叶片具有较高 P 含量的假说[9, 10]。本研究中，豆科植物叶片 N 含量显著高于禾本科植物叶片 N 含量（$P<0.05$），黑沙蒿和牛心朴子具有较低的叶片 N 和 P 含量，其他植物叶片 P 含量之间没有显著差异（$P>0.05$），

说明不同生活型植物对 N 和 P 的利用对策存在较大变异。Han[8]的研究表明，中国 753 种高等陆生植物叶片 P 含量（$1.46g·kg^{-1}$）显著低于全球的平均值（$1.77g·kg^{-1}$），主要是由于中国土壤 P 含量低于全球土壤平均 P 含量。荒漠草原区土壤有效 P 含量显著低于全球平均值（$7.65g·kg^{-1}$），植物群落叶片 P 含量平均值（$1.27g·kg^{-1}$）低于全球平均值（$1.77g·kg^{-1}$），而相关性分析结果显示，土壤 P 含量对植物叶片 P 影响并不大，这表明在小尺度的研究区域，植物叶片 P 含量较低可能不是由于土壤 P 含量低导致的，而是植物在长期进化过程中对荒漠脆弱环境的一种适应策略[11, 12]。

植物通过表型和性状的可塑性改变适应环境因子的波动，光合代谢使得植物体内 C 的固定需要大量 N 的参与，P（核酸）用于合成蛋白质[13, 14]，通常情况下，植物 N 和 P 的利用效率能够以植物体化学计量的定量比来描述。一般认为，植物叶片的 N∶P 能够从植物个体、群落和生态系统水平判断 N、P 的养分限制模式[11, 12]，然而 N∶P 的阈值至今仍没有得到一致的定论。以 Koerselman[11]的结果作为参考依据，N∶P<14 时，N 是限制性元素；N∶P>16 时，P 成为限制性元素；14<N∶P<16 时，受 N 和 P 的共同限制。而关于陆地生态系统的研究差异较大，Güsewell[12]在陆地生态系统中的研究认为，当 N∶P<10 时，N 是限制性元素；N∶P>20 时，P 是限制性元素；10<N∶P <20 时，受 N 和 P 的共同限制。本研究如果以 Güsewell 的结果作为判断依据，荒漠草原区不同植物可能共同受到 N 和 P 的限制；以 Koerselman 和 Meuleman[11]的结果作为参考依据，荒漠草原区豆科植物（甘草和苦豆子）可能受 P 限制，禾本科植物（蒙古冰草和长芒草）可能受 N 限制，牛心朴子和灌丛黑沙蒿可能受 N 和 P 的共同限制，由此可见，两种方法对荒漠草原区植物生长的限制性养分判断结论并不一致，6 种荒漠植物所表现出的养分适应策略差异较大，而如何确定荒漠草原区不同植物的限制性营养元素，还需要进行后续 N、P 添加的控制性实验。

C、N 和 P 含量及其化学计量比是维持植物生长发育和代谢活动的前提，叶片 C∶N 和 C∶P 表征植物 C 同化能力，同时也能够反映植物对营养元素的利用效率和对限制性营养元素的判断[15, 16]。本研究中，禾本科植物、牛心朴子、黑沙蒿叶片 C∶N 和 C∶P 较大，土壤 P 供应充足，而 N 匮乏；豆科植物具有较高的 N∶P，相对于 N，P 可能成为限制性元素。通常情况下，植物生长受 P 的限制，主要是因为环境为植物提供可吸收利用的 P 更少[12]，生长快速的植物（禾本科）通常具有较低的 C∶P 和 N∶P[9, 10]。豆科植物在生长繁殖过程中对养分需求供应量较高，然而，可供豆科植物吸收的有效 P 短缺，再加上 P 的沉积性和周转期较长，使得豆科植物的 N∶P 较大，使 P 成为限制性元素。从平均值来看，荒漠草原区不同植物叶片 C∶N（23.92±1.48）仍高于全球平均水平（22.5）[7]，禾本科植物高于全球水平，豆科植物低于全球水平，可能是由于禾本科植物体内 N 的分解速度和释放量相对大于 C，造成比值偏低；荒漠草原区不同植物叶片 C∶P（357.69±19.94）高于全球平均水平（232）[7]，受脆弱环境的影响，反映出了荒漠草原区不同植物较慢的生长能力；荒漠草原区不同植物叶片 N∶P（14.91±0.35）明显低于全国平均水平（16.3）[8]、高于全球水平（13.8[8]或 12.7[7]），原因可能是研究区植物叶片和土壤 P 含量较低造成分配到 rRNA 中 P 的增加，进而影响了合成蛋白质的速率[7]。

不同群落水平和枯落物水平 C、N、P 变异系数较小（均小于 25%），而无论是叶片水平还是群落水平，均表现为根系（地下部分）C、N、P 变异系数高于地上部分，C、N、P 在植物体内主要起到骨架的作用，在地上部分变异很小，受到地下生态系统综合影响，导致根系（地下部分）C、N、P 变异系数较大。

枯落物的有效分解和归还受其自身的化学计量比制约，其中 N∶P 是主要的制约因素，当枯落物 N 含量小于 0.70%、P 含量小于 0.05%时，可以认为枯落物自身的 N 和 P 完全被吸收；当枯落物 N 含量大于 1.00%、P 含量大于 0.08%时，可以认为枯落物自身的 N 和 P 不完全被吸收[17]。本研究中非豆科植物枯落物 N 含量小于 1.00%、豆科植物大于 1.00%，由此可知，豆科群落枯落物分解速率较快，N 含量并没有被完全吸收，P 几乎被完全吸收，进一步表明豆科植物受 P 限制；禾本科群落，枯落物分解速率较慢，N 被完全吸收，P 没有被完全吸收，进一步表明了禾本科植物受 N 限制，而黑沙蒿和牛心朴子群落则介于二者之间，不同群落受枯落物分解影响不同。从均值来看，荒漠草原区不同群落枯落物 N 含量（12.08±0.88 $g\cdot kg^{-1}$）大于 1.00%，P 含量（0.62±0.04 $g\cdot kg^{-1}$）小于 0.08%，并且 N∶P（21.23±1.55）偏高，表明枯落物分解速率较快，N 含量并没有被完全吸收，P 几乎被完全吸收，植物受 P 的限制作用降低，转化为土壤腐殖质的过程更加强烈。由此可知，荒漠草原区植物生长受 P 限制比受 N 限制更为强烈。综合以上分析可以看出，荒漠草原区不同植物均受 N 限制，植物修复应适当种植固氮植物，通过固氮作用使 N 增加，促进植物生长繁殖和对 P 的吸收。然而，植物养分受众多因素所控制，环境元素与有机体元素形成了复杂的反馈关系，使得化学计量比和临界值的判断较为复杂[7, 11, 12]，一方面与植物的生存策略有关，另一方面与环境因子密不可分。数字变量仅仅反映了元素限制作用和相互转化趋势，而这一判断标准多是基于水生和湿地生态系统，能否应用于荒漠草地生态系统还需要后期的验证。

3.4.2 荒漠草原区不同植物化学计量比及相关性分析

SPSS 的回归分析结果表明（图 3-1 和图 3-2），不管群落水平还是个体水平，C∶N、C∶P 与相应的 N、P 含量呈现显著的负相关关系（P<0.01），对数方程

式很好地反映了这种变化关系，并且 N 含量与 P 含量之间则表现为显著的正相关关系（$P<0.01$），直线方程式较好地反映了这种变化趋势，C 含量与 N、P 间没有相关关系（图 3-4），表明群落和个体水平叶片养分含量的变化并不受 C 含量变化的影响，而 N 和 P 之间良好的线性关系则体现了荒漠植物对 N 和 P 两种营养元素变化需求的一致性，这是高等陆生植物化学计量分配的普遍规律，也是植物种群能够稳定繁殖的有力基础，体现了植物个体和群落水平叶片各属性间的经济适应策略[15, 18]。植物枯落物 N、P 等养分含量间线性方程中的斜率具有重要的生态指示意义[11, 12]，由图 3-3 可知，植物枯落物 N、P 含量间存在极显著的线性负相关关系（$P<0.01$），初步表明了在植物群落枯落物的形成过程中，并不存在 N、P 等比例损耗的关系。

3.4.3　荒漠草原区不同植物化学计量与土壤养分各指标关系

通过对土壤养分含量与植物化学计量相关性分析可知（表 3-6），不同植物群落叶片和根系、个体叶片和根系、枯落物 C、N 和 P 浓度与 0～5 cm 土层土壤 SOC、N、P 之间均存在显著的相关关系。从土壤养分垂直分布来看，荒漠草原区不同群落土壤养分存在明显的“表聚性”，也就是说，0～5 cm 土层土壤 C、N 和 P 对植物来说是潜在的元素库，在土壤垂直方向可吸收养分逐渐降低，地表枯落物的养分归还对养分的积累在 0～5 cm 土层贡献较大，因此，越往土壤深层方向，其相关性明显减弱，说明荒漠草原区不同植物 C、N、P 元素在各器官吸收上具有流动和协调的统一性，并且存在生态位分化，以及 C、N、P 营养吸收能力和资源分配策略的权衡[19, 20]。由于土壤 P 具有沉积性，循环和吸收较为滞后，在土壤中的存在形式较稳定、不易流失，导致植物 P 与土壤 P 的相关性较差[21]。植物对土壤元素的吸收和运输是复杂而精细的过程，受到不同深度土壤环境及种内、种间竞争等众多因子调控，并且植物个体和群落水平的叶片 C、N、P 化学计量受植物的生活史、进化史、系统位置、遗传漂变和环境因子的影响，未来研究植物 C、N、P 与土壤 C、N、P 的关系还需综合考虑多种因素影响。

参 考 文 献

[1] Legendre P, Legendre L F J. Numerical Ecology[M]. Amsterdam: Elsevier, 2012.

[2] Šmilauer P, Lepš J. Multivariate Analysis of Ecological Data Using CANOCO 5[M]. Cambridge: Cambridge University Press, 2014.

[3] Sinsabaugh R L, Lauber C L, Weintraub M N, et al. Stoichiometry of soil enzyme activity at global scale[J]. Ecology Letters, 2008, 11(11): 1252-1264.

[4] Cleveland C C, Liptzin D. C∶N∶P stoichiometry in soil: is there a “Redfield ratio” for the microbial biomass?[J]. Biogeochemistry, 2007, 85(3): 235-252.

[5] Pei S, Fu H, Wan C. Changes in soil properties and vegetation following exclosure and grazing in degraded Alxa desert steppe of Inner Mongolia, China[J]. Agriculture, Ecosystems & Environment, 2008, 124(1): 33-39.
[6] Loreau M, Naeem S, Inchausti P, et al. Biodiversity and ecosystem functioning: Current knowledge and future challenges[J]. Science, 2001, 294: 804-808.
[7] Elser J J, Fagan W F, Kerkhoff A J, et al. Biological stoichiometry of plant production: metabolism, scaling and ecological response to global change[J]. New Phytologist, 2010, 186(3): 593-608.
[8] Han W, Fang J, Guo D, et al. Leaf nitrogen and phosphorus stoichiometry across 753 terrestrial plant species in China[J]. New Phytologist, 2005, 168(2): 377-385.
[9] Elser J J, Dobberfuhl D R, MacKay N A, et al. Organism size, life history, and N: P stoichiometry[J]. BioScience, 1996, 46(9): 674-684.
[10] Elser J J, Bracken M E S, Cleland E E, et al. Global analysis of nitrogen and phosphorus limitation of primary producers in freshwater, marine and terrestrial ecosystems[J]. Ecology Letters, 2007, 10(12): 1135-1142.
[11] Koerselman W, Meuleman A F M. The vegetation N: P ratio: a new tool to detect the nature of nutrient limitation[J]. Journal of Applied Ecology, 1996, 33(6): 1441-1450.
[12] Güsewell S. N：P ratios in terrestrial plants: variation and functional significance[J]. New Phytologist, 2004, 164(2): 243-266.
[13] Sterner R W, Elser J J. Ecological Stoichiometry: the Biology of Elements from Molecules to the Biosphere[M]. Princeton: Princeton University Press, 2002.
[14] Hessen D O. Carbon, nitrogen and phosphorus status in *Daphnia* at varying food conditions[J]. Journal of Plankton Research, 1990, 12(6): 1239-1249.
[15] Vitousek P M. Nutrient cycling and limitation: Hawai'i as a model system[M]. Princeton: Princeton University Press, 2004.
[16] Wardle D A, Walker L R, Bardgett R D. Ecosystem properties and forest decline in contrasting long-term chronosequences[J]. Science, 2004, 305(5683): 509-513.
[17] Killingbeck K T. Nutrients in senesced leaves: keys to the search for potential resorption and resorption proficiency[J]. Ecology, 1996, 77(6): 1716-1727.
[18] White T C R. The importance of a relative shortage of food in animal ecology[J]. Oecologia, 1978, 33(1): 71-86.
[19] Travis S E, Slobodchikoff C N, Keim P. Ecological and demographic effects on intraspecific variation in the social system of prairie dogs[J]. Ecology, 1995, 76(6): 1794-1803.
[20] Peñuelas J, Sardans J, Rivas - ubach A, et al. The human - induced imbalance between C, N and P in Earth's life system[J]. Global Change Biology, 2012, 18(1): 3-6.
[21] Hinsinger P, Betencourt E, Bernard L, et al. P for two, sharing a scarce resource: soil phosphorus acquisition in the rhizosphere of intercropped species[J]. Plant Physiology, 2011, 156(3): 1078-1086.

第 4 章　封育年限下荒漠草原植物-土壤-微生物计量特征

4.1　引　　言

荒漠草原面积极大，再加上自身具有的生境影响和作用[1, 2]，随着时间的推移，使植被表现出较强的抗旱性，生存能力大大加强[3, 4]。由于自身特点的改变加上外界不合理的干扰，荒漠草原开始出现退化现象，具体表现为植被呈稀疏状态、植被组成比较单一、抗外界干扰的能力有限[5]，这将制约草地的发展，此现象的发生引起了相关学者的关注。

历来人口数量的变化在一定程度上制约着经济的发展，人们为了满足日益增加的需求，将生产重心转移至畜牧业，不合理的利用方式使草地功能发生改变，生境变得极其脆弱[6]。封育禁牧对于草地的改善则起到了极大的促进作用，学者们对具体的影响过程进行了相关的探索。由于植被-土壤-微生物系统 C、N、P 在生态系统内部之间相互转换，系统研究 C、N、P 在植物与土壤中的交换过程及格局，探讨系统组分间 C∶N∶P 的转换方式，对于解决生态恢复问题发挥着一定的作用。因此，深入理解封育禁牧生态恢复过程中系统各组分之间的化学计量学协变关系成为解决问题的关键。

4.2　草地退化现象概述

草地本身可以为人类提供生活所需的各种资源，因此对人们来说意义重大。作为人类重要的资源之一，草地在承担供给角色的同时也美化着周围的环境，为人们创造了舒适的生活空间。草地不仅在维持生态系统平衡方面具有极大的促进作用[7]，同时也在一定程度上影响着生产力的水平。一般来说，过度放牧、大规模开垦等行为导致草地大面积减少，从而引起地表植被覆盖度减少、土壤中的养分含量降低，同时使土壤结构发生改变，这种现象便是草地的退化[8]。草地之所以会出现退化问题，可以归纳为两点：第一，气候条件的不稳定性使植被在数量和组成上发生改变；第二，人口的增长使人们在日常生活中对资源的需求量大大增加，这将使得草地质量进一步恶化，同时，外界活动干扰次数的不同将使草地发生不同的改变[9]。

草地退化对生态系统的平衡造成了极大的干扰，随之产生的一系列问题涉及生态系统中的植物与土壤，如影响植被数量、降低植被盖度，土壤在失去植被的有效保护后，表层出现异常，风蚀现象严重，土壤容重、含水量、碳、氮、磷等理化性质变劣，涵养水源能力受到限制，最终导致植被的生长状况受到干扰，从而进一步影响草地质量。此外，质量降低的草地使生态系统不稳定性增加，同时导致气候条件恶化，环境变差，植被固定土壤能力下降，土质因得不到有效的保护变得相对疏松或沙化，大强度的雨水冲刷将造成严重的水土流失[10]。

在建国初期，保护草地的意识在人们心中得到强化[11, 12]。但是，由于外界各种不利因素的影响，在短短十几年内，草地退化面积在我国蔓延开来，所占比例达到 80%以上[13, 14]，针对此现象的发生，采取相应的措施进行调控变得刻不容缓。

在恢复荒漠草原的过程中，围栏封育是一种较为有效的措施。在围栏封育的影响作用下，草地遭受外界的干扰逐渐减少，植被特征得到改善，土壤中的各种元素成分逐渐积累，总体看来，是朝向有利的方面发展。而且，在进行草地围栏封育后，动物的活动范围减少，这对植物来说恰好是一种保护措施[15-19]，使得植物生长处于有利的状态中。相关文献指出，采取围封手段可积累土壤中的各种养分[20-22]，由于植物与土壤关系密切，因此，良好的养分状况在满足植物需求的同时还可以更好地促进其生长[23, 24]。

4.3 研究区概况

经过实地考察，将宁夏回族自治区东部的盐池县（37°04′～38°10′N，106°30′～107°41′E）荒漠草原区作为研究区。全县呈现出黄土高原—鄂尔多斯台地的过渡性，整体面积为 7130km^2。由于所处生境较特殊，致使该县草地容易受外界干扰而表现得相对不稳定。盐池县在地形方面呈现出一定的复杂性。盐池县为大陆性气候特征，总体来看，干旱为首要特征；其次表现为降水不足，尤其在春季降水相对较少，光照时间长，水分蒸发强，多风，从而使沙尘活动较多，荒漠化进程加快。由于在风力盛行的情况下，气候具有一定的干燥特征，从而相互间形成一种制约关系。灰钙土和风沙土在多样的土壤类型中所占比例较大。该区域常见植物有短花针茅（*Stipa breviflora*）、苦豆子（*Sophora alopecuroides*）、猪毛蒿（*Artemisia scoparia*）等。

本实验样地选择在宁夏回族自治区盐池县高沙窝镇，在考察好样地情况后，选择未围封（0）及围封 5 年、8 年、12 年、15 年荒漠草原草地类型作为测定各项指标的基础，具体情况见表 4-1。

表 4-1　实验样地情况

围封年限/年	经度	纬度	海拔/m	优势种组成
0	107°45′01″E	37°57′05″N	1417	中亚白草+猪毛蒿
5	106°59′51″E	37°55′52″N	1423	短花针茅+中亚白草
8	106°58′18″E	37°57′44″N	1425	短花针茅+牛枝子
12	106°57′23″E	37°55′18″N	1422	短花针茅+中亚白草+牛枝子
15	106°56′42″E	37°57′25″N	1419	冰草+短花针茅

4.4　围封年限对荒漠草原植物的影响

4.4.1　各样地的植被特征

由表 4-2 可知，在围封状态下，荒漠草原植被的盖度、高度和生物量因围封时间的变化呈先升高后降低的趋势，测定值在 12 年时最高。围封 5 年、8 年、12 年、15 年的植被盖度、高度和生物量显著增加（$P<0.05$），植被盖度和生物量的大小顺序为 12 年>15 年>8 年>5 年>0 年，而围封 5 年、8 年、15 年的植被高度之间差异不显著（$P>0.05$）。具体表现为：围封 5 年、8 年、12 年、15 年的植被盖度分别较放牧地提高了 14.57%、72.78%、351.01%和 310.97%；高度分别增加 49.13%、68.4%、356.13%和 47.13%；生物量分别增加 113.34%、221.92%、724.69%和 335.11%。

表 4-2　荒漠草原区围封样地的植被特征

围封年限/年	盖度/%	高度/cm	生物量/（$g \cdot m^{-2}$）
0	18.33±2.08 d	5.00±0.86 c	15.92±4.21 e
5	21.00±1.00 d	7.46±0.10 b	33.97±0.87 d
8	31.67±1.53 c	8.42±0.35 b	51.25±3.84 c
12	82.67±2.52 a	22.81±2.33 a	131.29±1.86 a
15	75.33±2.52 b	7.36±0.47 b	69.27±3.12 b

注：表中同一列的不同小写字母表示不同样地间差异显著（$P<0.05$），下面表格中的字母含义与之相同。

本研究结果表明，荒漠草原围封后，植被处于一定的保护状态，从而使盖度增大、高度增加及生物量得到改善，这可能是由于围封措施消除了家畜对地上植被的践踏和啃食，为植被的生长提供了有利条件，使植物生长加速，高度有所保持。通过分析比较可知，围封 5 年、8 年时，由于家畜活动减少导致植被特征发生改善，但围封 15 年时，各指标呈现下降趋势。因此，针对此情况的发生进行了相关分析：一方面，西北地区降水量相对较少，干旱的地理环境促使植被对水分的利用效率下降，植被的生长状况因缺乏水分而受到限制；另一方面，在围封措施的影响下，外界中的各种营养物质向土壤中的输入能力降低，使得土壤中的营养成分得不到及时补充，从而影响草地植被特征。

4.4.2 各样地优势种植物地上部分碳、氮、磷含量及其化学计量比

通过对优势种植物地上部分的碳、氮、磷含量进行统计分析得知（表 4-3），各样地优势种地上部分碳含量变化表现为围封 5 年样地的植物碳含量显著高于放牧及围封 8 年、12 年、15 年的测定值，含量变化范围为 265.58～442.12g·kg^{-1}；氮含量变化表现为围封 8 年样地的优势种地上部分 N 含量显著高于放牧、围封 5 年、12 年和 15 年的测定值，氮含量变化范围为 9.87～21.95g·kg^{-1}；磷含量变化范围为 1.83～1.87g·kg^{-1}，围封 8 年时，优势种植物地上部分磷含量为 1.87g·kg^{-1}，显著高于其他年份的测定值。

表 4-3 围封样地优势种地上部分碳、氮、磷含量及其化学计量比

围封年限/年	碳含量/（g·kg^{-1}）	氮含量/（g·kg^{-1}）	磷含量/（g·kg^{-1}）	C∶N	C∶P	N∶P
0	265.58±22.61 d	9.87±1.08 d	1.84±0.01 bc	26.91	144.34	5.36
5	442.12±16.59 a	15.53±0.95 c	1.85±0.02 ab	28.47	239.03	8.39
8	313.10±13.00 c	21.95±1.38 a	1.87±0.01 a	14.26	167.43	11.74
12	403.56±22.47 b	17.20±0.66 b	1.85±0.01 ab	23.46	218.14	9.30
15	408.61±12.32 b	15.08±0.82 c	1.83±0.01 c	27.10	223.28	8.24

同时，由表 4-3 分析得知，优势种植物地上部分的 C∶N、C∶P 及 N∶P 的值变化范围分别为 14.26～28.47、144.34～239.03 和 5.36～11.74。

4.5 围封年限对土壤理化性状的影响

4.5.1 不同围封年限土壤容重的变化

荒漠草原实施围封后，土壤容重发生了变化（图 4-1），在围栏处于 5 年、8 年、12 年、15 年状态下，容重测定值开始出现下降情况。在各土层中，容重因围封时间延长呈现先减小后增大的规律。在 0～10cm 土层中，围封 5 年、8 年、12 年、15 年的容重较放牧地分别降低了 4.14%、6.34%、12.53%和 4.14%；10～20cm 土层，围封 5 年、8 年、12 年、15 年的容重较放牧地分别降低了 8.03%、8.45%、12.78%和 4.96%；20～30cm 土层，围封 5 年、8 年、12 年、15 年的容重较放牧地分别降低了 6.62%、9.15%、12.78%和 6.62%。

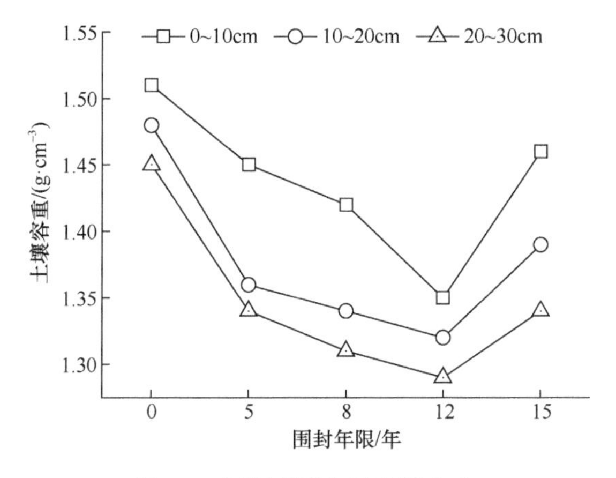

图 4-1　围封样地各层土壤容重

分析可知，放牧时家畜的活动比较频繁，这种外界的干扰作用恰好在一定程度上使土壤结构变得比较致密，从而使容重发生变化。一方面，荒漠草原在围封情况下相对消除了家畜的干扰；另一方面，土壤孔隙度在根系不断扩张的影响下增大，土壤容重相对减小。

4.5.2　不同围封年限土壤含水量的变化

在分析图 4-2 后发现，放牧及围封 5 年、8 年和 15 年时，在 0～30cm 土层中的土壤含水量与土壤深度呈现一定的关系，前者的测定值随后者的增加呈递增趋势，即底层的值要高于表层，围封 8 年、12 年和 15 年的土壤含水量明显增加（$P<0.05$）；在 0～10cm 土层中，围封时间达到 5 年时，通过与放牧地的测定值进行比较可以看出土壤含水量增加不明显（$P>0.05$），该土层中测定值由大到小顺序

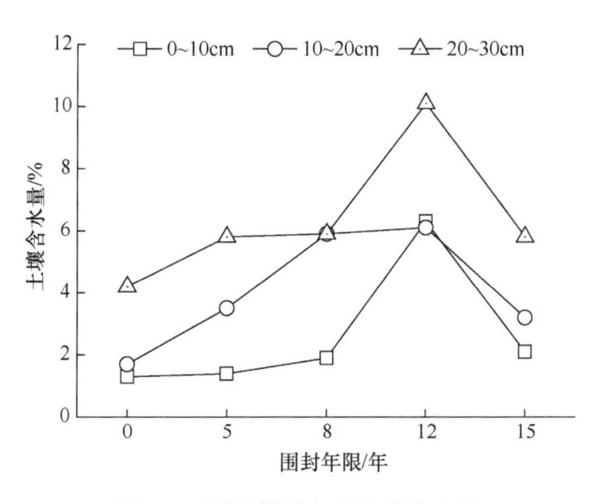

图 4-2　围封样地各层土壤含水量

为12年>15年>8年>5年>0年；在10～20cm土层中，围封12年时，测定值最高，该土层中测定值由大到小顺序为12年>15年>8年>5年>0年，其中，在围封地不同土层所测的土壤含水量值都比较大，唯独表层的值偏小。

在围封状态下，土壤含水量发生了明显的变化，由于在无外界因素干扰的有利条件下，植物的生长状况良好，盖度增大，导致土壤涵养水源能力加强。本实验取样深度为0～30cm，从实验结果来看，深层土壤含水量要高于表层测定值，这可能与取样的深度有关，也可能是由于植被在围封作用下迅速生长，对水分的需求量增加，再加上地表一部分水分蒸发，从而引起此现象的发生。

4.5.3 不同围封年限土壤pH的变化

在各土层中，放牧地的土壤pH均大于围封5年、8年、12年、15年的测定值（表4-4）。其中，0～10cm土层中未围封的土壤pH显著高于围封15年的测定值（$P<0.05$），但与围封5年、8年、12年的测定值之间并未表现出显著差异（$P>0.05$）；10～20cm土层中由于放牧的存在，促使土壤pH显著高于各围封地的测定值，即显著高于围封5年、8年、12年、15年的测定值（$P<0.05$），但围封5年、8年、12年和15年的土壤pH差异不显著（$P>0.05$）；未围封样地的土壤pH在20～30cm土层中显著高于围封5年、8年、12年、15年（$P<0.05$），但围封5年、12年、15年的土壤pH差异不显著（$P>0.05$）。

表4-4 围封样地各层土壤pH

围封年限/年	pH		
	0～10cm土层	10～20cm土层	20～30cm土层
0	8.30±0.03 a	8.35±0.05 a	8.27±0.02 a
5	8.22±0.03 ab	8.19±0.04 b	8.10±0.03 c
8	8.29±0.07 a	8.21±0.04 b	8.19±0.07 b
12	8.24±0.09 a	8.16±0.02 b	8.12±0.03 c
15	8.16±0.03 b	8.20±0.01 b	8.14±0.04 bc

通过分析可知，荒漠草原草地在采取围封措施后，土壤的pH得到改善，出现降低趋势。

4.6 围封年限对土壤有机质、有机碳、全氮和全磷的影响

4.6.1 不同围封年限土壤有机碳含量的变化

由图4-3可知，有机碳与土壤深度关系较为密切，当深度增加时，有机碳含量

也随之发生变化，测定值不断增大，在 12 年时达到最高。0～10cm 和 20～30cm 土层，围封 5 年的有机碳含量相比未围封（0 年）的有机碳含量无显著变化；0～10cm、10～20cm、20～30cm 土层，围封地的测定值均高于放牧地，其中围封 12 年、15 年的有机碳含量在围封措施下明显得到提高。在 0～10cm 土层中，围封 5 年、8 年、12 年、15 年的有机碳含量分别较放牧地提高了 1.24%、6.01%、39.58%和 29.42%；在 10～20cm 土层中，围封 5 年、8 年、12 年和 15 年的有机碳含量分别较放牧地提高了 23.83%、26.09%、31.78%和 14.39%；在 20～30cm 土层中，围封 5 年、8 年、12 年和 15 年的有机碳含量分别较放牧地提高了 8.55%、30.64%、134.84%和 28.31%。

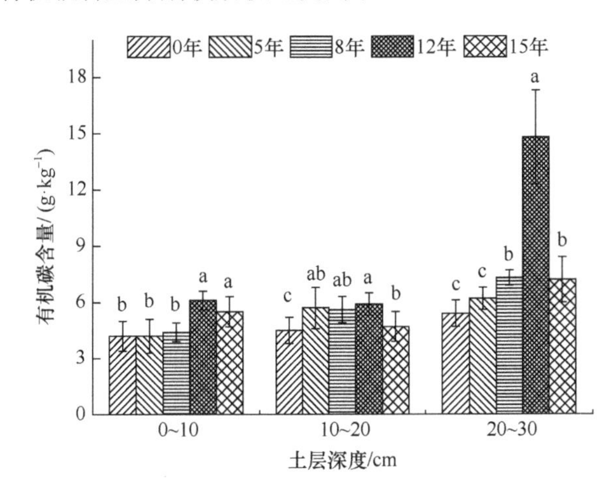

图 4-3　围封样地各层土壤有机碳含量

图中同一土层不同小写字母表示不同样地差异显著（$P<0.05$），下同。

从试验结果可得知，土壤有机碳含量经围栏封育后发生明显变化，说明在排除外界干扰因素，尤其是避免家畜活动后，土壤中碳源得到不断积累。

4.6.2　不同围封年限土壤全氮含量的变化

土壤全氮含量呈现同有机碳含量相似的变化趋势（图 4-4），并与围封时间有着密切关系，大体上先升高后降低。0～10cm、10～20cm 土层，围封 5 年的全氮含量显著高于放牧地；0～10cm 土层，不同围封年限土壤全氮含量大小顺序为 12 年>8 年>15 年>5 年>0 年；10～20cm 土层，围封 12 年的全氮含量显著高于放牧及围封 5 年、8 年、12 年、15 年的测定值，土壤全氮含量大小顺序为 12 年>8 年>15 年>5 年>0 年；20～30cm 土层，围封 8 年、12 年、15 年时，全氮含量明显提高，该层含量大小顺序为 12 年>15 年>8 年>5 年>0 年。

保持一定时间的围封状态可使植被特征发生改变，其变化在促使植物固氮能力增强的同时，导致补偿养分作用也随之增强，这就使得氮所占比例提高。

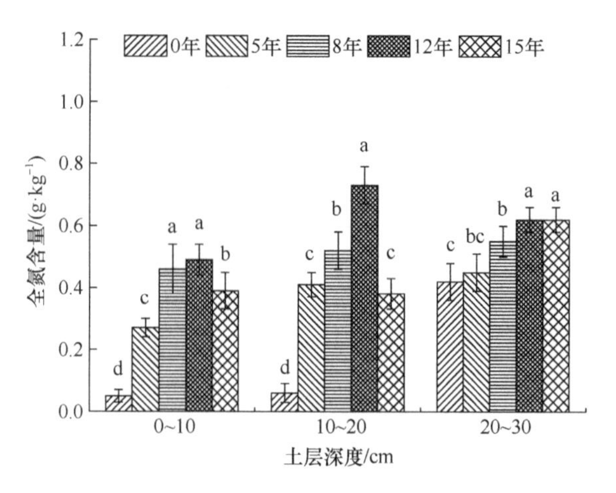

图 4-4 围封样地各层土壤全氮含量

4.6.3 不同围封年限土壤全磷含量的变化

不同围封年限的土壤全磷在避免家畜活动的情况下得到了积累（图 4-5）。当围封状态持续到 8 年、12 年、15 年时，在 0～10cm 土层中土壤全磷含量均明显得到提高，这种变化趋势同样也在 10～20cm 土层中得到了体现，测定值由大到小顺序均为 12 年>8 年>15 年>5 年>0 年，围封后的测定值分别较放牧地提高 255.55%、222.22%、133.33%、22.22%和 233.33%、75%、41.67%、25%；围封 5 年、8 年、12 年和 15 年全磷含量在 20～30cm 土层时与放牧地差异显著，全磷含量由大到小顺序为 12 年>8 年>5 年>15 年>0 年，与对照样地相比，围封后测定值分别提高 177.78%、66.67%、61.11%、44.44%。

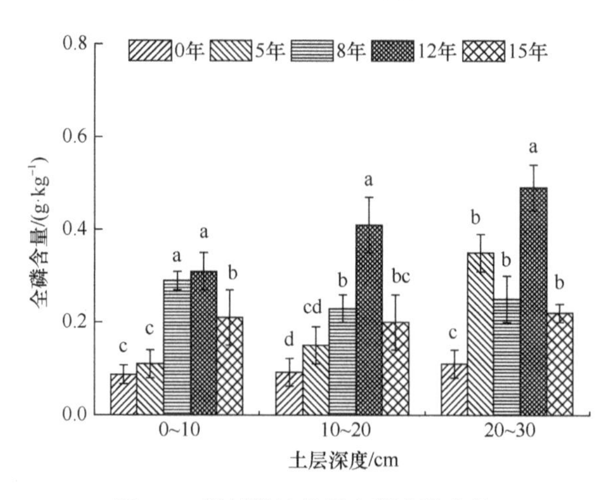

图 4-5 围封样地各层土壤全磷含量

4.6.4　不同围封年限 0～30cm 土层土壤有机碳、全氮、全磷含量的变化

在各样地中 0～30cm 土层中，土壤有机碳含量（图 4-6）、全氮含量（图 4-7）和全磷含量（图 4-8）表现出相似的变化规律。随着围封年限的增加，有机碳含量的测定值呈先升高后降低的趋势，而全氮和全磷与之类似，总体来看，这三个指标的测定值在 12 年时都处于最大状态。

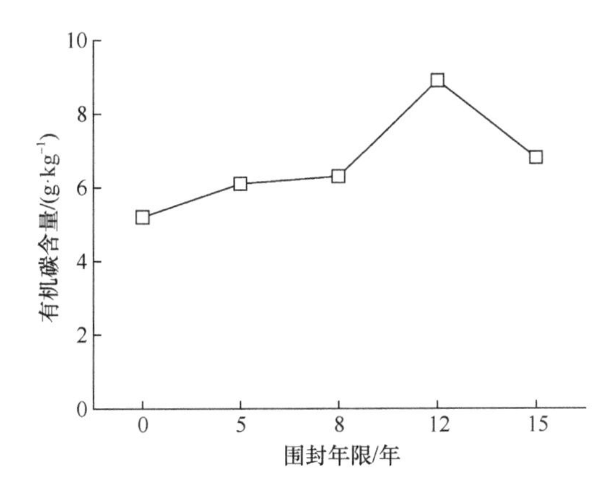

图 4-6　围封样地 0～30cm 土层土壤有机碳含量

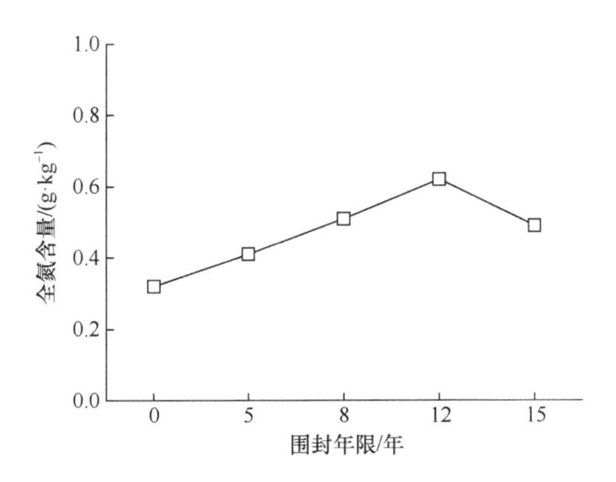

图 4-7　围封样地 0～30cm 土层土壤全氮含量

4.6.5　不同围封年限土壤化学计量比的特征

在不同围封年限的土层中，土壤 C∶N 因围封年限的延长表现出差异（表 4-5）。在 0～10cm、10～20cm 土层中，放牧地土壤 C∶N 均高于围封 5 年、8 年、12 年和 15 年的测定值。同时，测定值随禁牧时间的延长表现出先减小后增大的变化，围封 8 年、12 年之间无显著性差异；20～30cm 土层则表现出相反的变化。

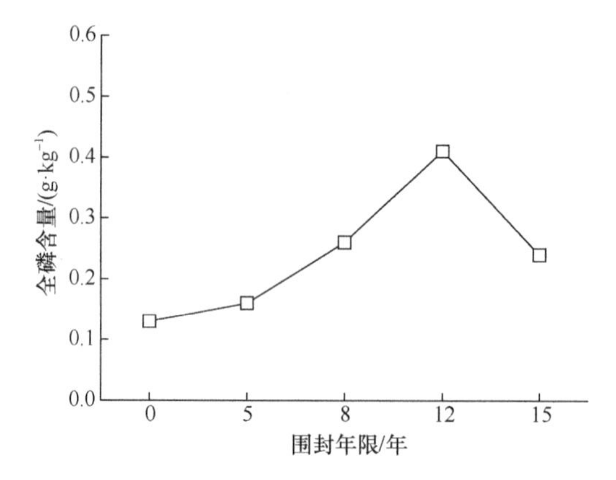

图 4-8　围封样地 0～30cm 土层土壤全磷含量

表 4-5　围封样地土壤 C∶N∶P 特征

土层	围封年限/年	C∶N	C∶P	N∶P
0～10	0	20.69±0.62 a	44.64±3.98 a	3.35±2.00 a
	5	17.22±3.89 ab	36.50±1.30 a	2.57±0.71 ab
	8	10.80±0.77 c	15.82±1.12 a	1.50±0.06 b
	12	12.79±1.60 c	18.95±1.52 a	1.44±0.14 b
	15	16.56±1.51 b	29.44±1.15 a	2.00±0.21 ab
10～20	0	20.32±1.68 a	43.26±3.92 a	2.13±0.26 a
	5	17.47±2.74 ab	43.87±3.11 a	2.58±0.71 a
	8	11.23±0.49 c	29.12±5.70 b	2.59±0.45 a
	12	8.85±0.45 c	16.43±0.49 c	1.86±0.15 a
	15	15.81±2.54 b	33.25±3.65 ab	2.08±0.22 a
20～30	0	12.68±0.45 c	36.07±3.23 a	2.84±0.35 a
	5	12.37±0.77 c	23.53±3.90 c	1.90±0.22 c
	8	14.82±0.77 b	28.02±1.90 bc	1.89±0.05 c
	12	20.24±1.65 a	29.57±0.70 b	1.47±0.15 d
	15	12.05±0.35 c	28.38±1.47 bc	2.36±0.08 b

围封禁牧措施使不同土层中的 C∶P 表现出与 C∶N 相同的规律，即在 0～10cm、10～20cm 土层，土壤 C∶P 随禁牧时间延长表现出先降低后升高的趋势，其中放牧地的 C∶P 在 0～10cm 土层值最大，为 44.64；围封 8 年时，C∶P 值最小，为 15.82，进行分析后发现，放牧及围封 5 年、8 年、12 年、15 年间差异不显著。10～20cm 土层，C∶P 在围封 5 年时测定值最高，为 43.87，在 12 年时测定值最低，为 16.43，放牧与围封 8 年、12 年的测定值差异显著（$P<0.05$）。

20～30cm 土层，C∶P 在放牧时测定值最高，为 36.07，在围封 5 年时测定值最低，为 23.53。

在 0～10cm、10～20cm 和 20～30cm 土层，各样地 N∶P 总体上随围封时间的延长呈先降低后升高的趋势，其中 10～20cm 土层的各样地间无显著差异。

4.7 围封年限对土壤微生物生物量碳、氮的影响

土壤微生物影响着物质的分解，在生态系统中具有不可替代的作用，而且微生物本身就是一个养分库，可以提供植物生长所需要的营养物质。在土壤中，有机质的组成离不开微生物的参与，其所占比例的多少可反映其活动能力，从而进一步引起其他物质的变化。

4.7.1 不同围封年限土壤微生物生物量碳含量的变化

如图 4-9 所示，在 0～10cm 土层中，围封 5 年、8 年、12 年和 15 年的土壤微生物生物量碳的测定值均较放牧地的测定值大，分别增加了 38.75%、50.64%、56.95%和 17.17%；10～20cm 土层，不同围封年限土壤微生物生物量碳含量由大到小为 12 年>8 年>5 年>15 年>0 年，分别较放牧时提高了 53.83%、104.64%、124.75%和 38.63%；10～20cm 和 20～30cm 土层中，围封 5 年、15 年、8 年、12 年土壤微生物生物量碳之间无显著差异（$P>0.05$）；20～30cm 土层，围封 5 年、8 年、12 年、15 年的微生物量碳含量得到提高，分别较放牧时提高了 64.5%、78.34%、97.99%和 44.95%。

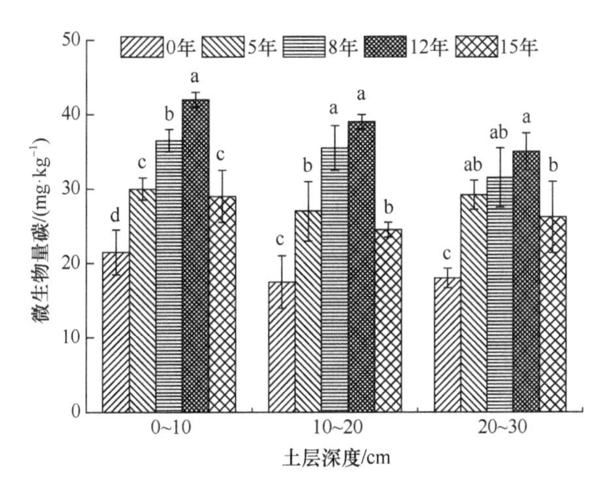

图 4-9 围封样地各层土壤微生物生物量碳含量

4.7.2 不同围封年限土壤微生物生物量氮含量的变化

在 0～10cm 土层中，围封状态持续到 12 年、15 年时，土壤微生物生物量氮的测定值明显大于放牧地（图 4-10）(P<0.05)，该土层中不同围封年限土壤微生物生物量氮的测定值由大到小为 12 年>15 年>8 年>5 年>0 年，分别较放牧地提高了 80%、32%、17%、1%；围封 8 年、12 年的土壤微生物生物量氮含量于 10～20cm 土层明显增加，该土层中不同围封年限土壤微生物生物量氮的测定值由大到小为 12 年> 8 年>15 年>5 年>0 年，分别较放牧地提高了 55%、50%、2%、1%；20～30cm 土层，围封 12 年时微生物量氮含量明显提高，放牧及围封 5 年、8 年和 15 年之间差异不明显（P>0.05），该土层中不同围封年限土壤微生物生物量氮的测定值由大到小为 12 年>15 年>8 年>5 年>0 年，分别较放牧地提高了 58%、28%、19%、17%。通过对不同围封年限土壤微生物生物量氮含量在不同土层间的比较得知，当围封状态处于 5 年时，土壤微生物生物量氮于 0～10cm、10～20cm、20～30cm 土层无显著变化；而处于 8 年、15 年围封状态下时，微生物量氮于 20～30cm 土层无显著变化；在处于 12 年围封状态下时，土壤微生物生物量氮测定值最大，且各土层测定值显著增加。

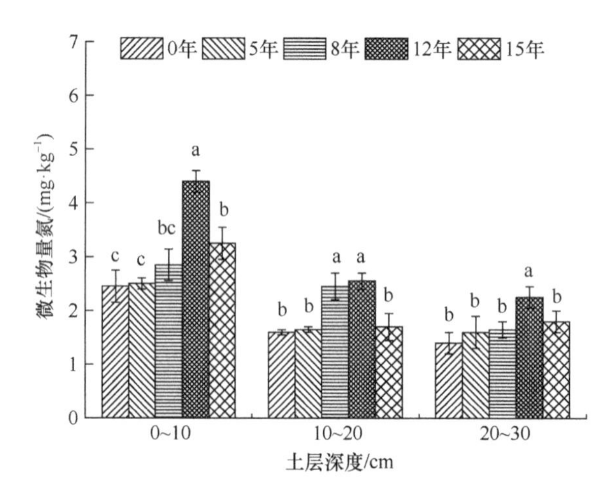

图 4-10 围封样地各层土壤微生物氮含的变化

4.7.3 不同围封年限土壤微生物生物量 C：N 的变化

由表 4-6 可知，0～10cm、10～20cm 和 20～30cm 土层土壤微生物生物量 C：N 因禁牧时间延长呈先升高后降低的趋势。在 0～10cm 土层，放牧与围封 5 年、8 年、10 年的测定值差异显著（P<0.05），而围封 5 年、8 年、12 年、15 年间无显

著差异；10～20cm 土层，围封 5 年、12 年、8 年、15 年差异不显著；放牧与围封 8 年的测定值于 20～30cm 土层差异显著（P<0.05）；围封 5 年、12 年、15 年的测定值无显著差异。

表 4-6　围封样地土壤微生物生物量 C∶N

围封年限/年	不同土层/cm		
	0～10	10～20	20～30
0	8.83±1.99 c	10.74±2.32 b	12.98±3.34 b
5	11.92±0.75 a	16.34±2.96 a	17.93±2.57 ab
8	12.72±1.10 a	14.66±1.91 ab	18.82±0.44 a
12	9.56±0.60 b	15.50±0.59 a	15.88±1.65 ab
15	8.83±0.32 b	14.80±2.67 ab	14.86±1.60 ab

4.8　围封年限对土壤酶活性的影响

土壤酶参与各种过程的进行，它的来源除了植物及动物以外，在其他生命个体中也占有较大的比例。因此，这就导致了土壤酶的来源在区分上存在一定的难度。由于土壤酶本身对外界的物质具有一定的敏感性，因此可将它的活性看成是反映土壤状况的指标[25, 26]，也可在酶活性变化的基础上反映微生物的活性大小。外界各种不确定成分在相互作用下导致其发生改变，其中包括土壤水分、温度、pH 等土壤理化性质与胞外酶的刺激[27]。

4.8.1　不同围封年限土壤脲酶的变化

土壤脲酶有着独有的特征，具有将某些成分分解转化含氮物质的能力[28, 29]。一般土壤本身具有向植物供应氮素的能力，在这种情况下，酶活性起到了极大的推动作用[30]。

在各土层中，围封措施使脲酶发生相应的变化（图 4-11）。当围封状态达到 12 年时，测定值于 0～10cm 和 10～20cm 土层最高，放牧时土壤脲酶活性均显著高于围封 8 年、15 年的测定值，不同围封年限土壤脲酶活性由大到小为 12 年>0 年>5 年>15 年>8 年，两个土层围封 5 年、15 年和 8 年的脲酶活性分别降低 2.05%、27.55%、37.78%和 9.74%、14.53%、20.24%；20～30cm 土层中，放牧时脲酶测定值高于围封 5 年、8 年、12 年和 15 年，围封 5 年、8 年、12 年和 15 年样地之间差异不明显，不同围封年限土壤脲酶活性由大到小为 0 年>12 年>8 年>15 年>5 年，围封 12 年、8 年、15 年、5 年样地脲酶活性分别较放牧样地降低 17.14%、20.71%、20.94%、28.57%。

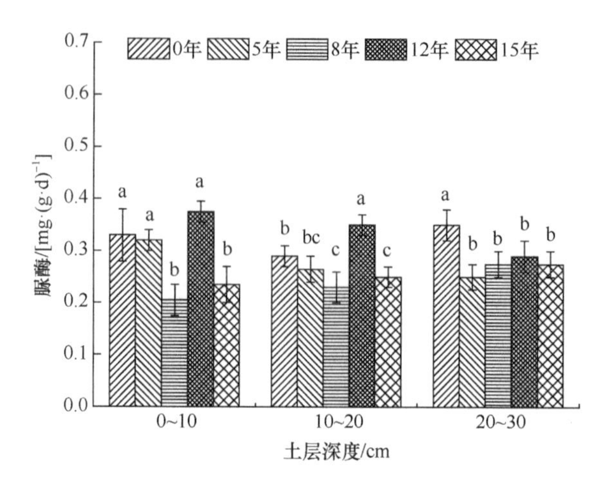

图 4-11 围封样地各层土壤脲酶活性

4.8.2 不同围封年限土壤蔗糖酶的变化

蔗糖酶对多种低聚糖的水解具有催化功能。与其他酶类相比，蔗糖酶在土壤理化性状方面更具有敏感性[31]。

从围封措施对蔗糖酶的影响可以看出（图 4-12），围封 5 年、15 年的蔗糖酶活性在表层土壤中得到了明显提高，提升比例分别为 21.3%、18.60%，不同围封年限土壤蔗糖酶活性由大到小为 5 年>15 年>0 年>8 年>12 年；在 10～20cm 土层，放牧使蔗糖酶活性明显较围封 5 年、8 年、12 年和 15 年测定值大，不同围封年限土壤蔗糖酶活性由大到小为 0 年>5 年>15 年>8 年>12 年，围封 5 年、15 年、12 年、8 年的测定值较放牧地分别降低 23.17%、33.97%、71.55%、62.30%；在 20～30cm 土层，放牧使蔗糖酶活性明显较围封 5 年、12 年、15 年测定值大，该土层中不同

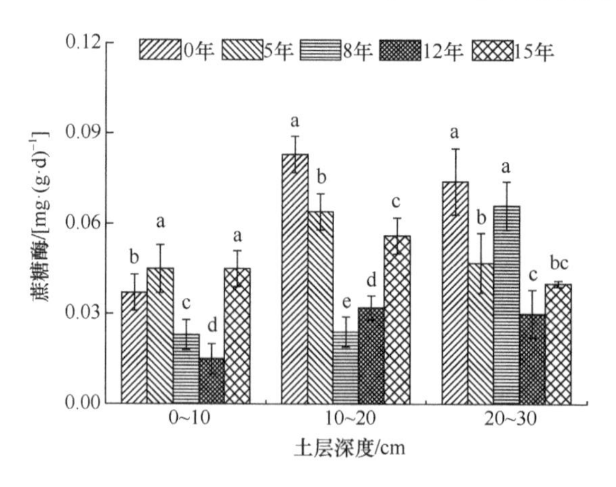

图 4-12 围封样地各层土壤蔗糖酶活性

围封年限土壤蔗糖酶活性由大到小为 0 年>8 年>5 年>15 年>12 年，围封 8 年、5 年、15 年、12 年的测定值分别较放牧地降低 9.87%、36.89%、45.95%、59.46%。

4.8.3　不同围封年限土壤过氧化氢酶的变化

过氧化氢酶能够促进物质和能量的转化[27]，在一定程度上为避免有毒气体所产生的不良影响创造条件[30]。

如图 4-13 所示，0～10cm 土层，围封 5 年、8 年、12 年和 15 年时土壤过氧化氢酶活性明显得到提高，不同围封年限土壤过氧化氢酶活性由大到小为 15 年>12 年>5 年>8 年>0 年，较放牧地分别提高了 53.33%、46.87%、86.47%、246.67%；而围封并未提高 10～20cm 土层的酶活性，在该土层中放牧地的过氧化氢酶测定值最高，相比于围封 5 年、8 年、12 年和 15 年分别提高 60.87%、51.02%、64.44%、94.73%，围封 5 年、8 年、12 年之间差异不明显；放牧地的过氧化氢酶活性在 20～30cm 土层明显高于围封地测定值，其中围封 5 年与 15 年、8 年与 12 年相比较的测定值差异不明显。

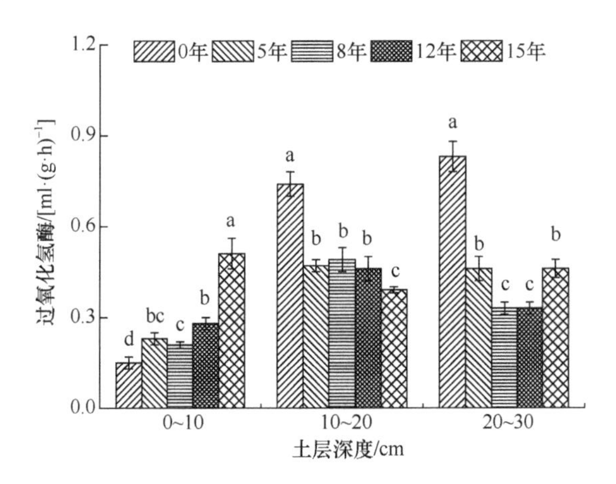

图 4-13　围封样地各层土壤过氧化氢酶活性

4.8.4　不同围封年限土壤碱性磷酸酶的变化

磷酸酶的水解能力较强，对土壤中磷含量及 C、N 等转化均发挥着一定的作用[26]。各样地土壤碱性磷酸酶的变化如图 4-14 所示，在表层土壤，围封 15 年时土壤碱性磷酸酶活性显著高于放牧地及围封 5 年、8 年、12 年样地的测定值，该土层中不同围封年限土壤碱性磷酸酶活性由大到小为 15 年>12 年>0 年>5 年>8 年；不同围封年限土壤碱性磷酸酶活性在 10～20cm 土层的测定值由大到小为 0 年>12 年>15 年>5 年>8 年；当围栏达到 12 年时，碱性磷酸酶测定值于 20～30cm 土层明显较放牧及围封 5 年、8 年、12 年、15 年测定值大，该土层测定值由大到小为 12 年>0 年>15 年>8 年>5 年，其中放牧及围封 5 年、15 年之间的碱性磷酸酶差异不明显。

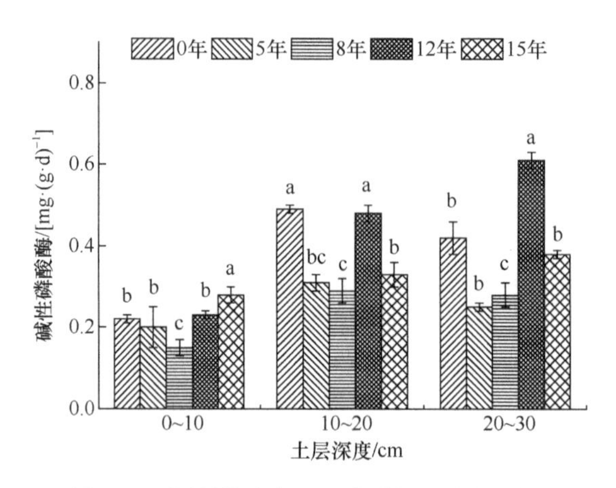

图 4-14 围封样地各层土壤碱性磷酸酶活性

4.8.5 土壤酶活性与各因子间的相关分析

土壤容重与蔗糖酶、过氧化氢酶、碱性磷酸酶均无显著相关性（$P>0.05$）（表 4-7）。对含水量与土壤酶进行相关分析可知，土壤含水量与脲酶、碱性磷酸酶呈极显著正相关（$P<0.01$），相关系数分别为 0.616、0.527；土壤含水量与过氧化氢酶有极显著的负相关性（$P<0.01$），相关系数为–0.455；土壤 pH 与蔗糖酶呈显著负相关（$P<0.05$）；土壤全氮与脲酶、碱性磷酸酶呈极显著正相关（$P<0.01$），相关系数分别为 0.456、0.488；土壤全磷与脲酶、碱性磷酸酶呈极显著正相关（$P<0.01$），相关系数分别为 0.640、0.418；土壤微生物生物量碳、氮与脲酶呈显著正相关（$P<0.01$），相关系数分别为 0.738、0.479。

表 4-7 土壤酶活性与土壤理化性质、微生物的相关分析

	脲酶	蔗糖酶	过氧化氢酶	碱性磷酸酶
容重	–0.681**	0.132	0.320	–0.279
含水量	0.616**	–0.110	–0.455**	0.527**
pH	0.250	0.130	0.233	0.189
有机碳	0.252	0.355*	–0.096	0.177
全氮	0.456**	–0.248	0.083	0.488**
全磷	0.640**	–0.425**	–0.155	0.418**
微生物量碳	0.738**	–0.660**	–0.486**	–0.142
微生物量氮	0.479**	–0.690**	–0.461**	–0.346*

*表示显著相关（$P<0.05$），**表示极显著相关（$P<0.01$），下同。

通过对土壤理化性质和土壤酶活性的相关分析可以看出，土壤全氮与脲酶、碱性磷酸酶呈极显著正相关（$P<0.01$），同样，土壤全磷也表现出相似的规律，即土壤全磷与脲酶、碱性磷酸酶呈极显著正相关（$P<0.01$）。

有研究表明，土壤微生物生物量碳、氮与脲酶、磷酸酶和蔗糖酶表现出显著正相关关系[32]，而另一些研究则与该结果不太一致，研究发现土壤微生物生物量碳与脲酶相关性并不显著[33, 34]。本实验结果显示，荒漠草原不同围封年限样地的土壤微生物生物量碳、微生物量氮与土壤脲酶之间具有极显著正相关关系（$P<0.01$），与蔗糖酶、过氧化氢酶呈极显著负相关（$P<0.01$）；微生物量碳与碱性磷酸酶无显著相关性（$P>0.05$），微生物量氮与碱性磷酸酶之间则表现出显著负相关关系（$P>0.05$）。

土壤酶活性在一定程度上受到各种成分的制约，既受到理化性质的干扰，又会受到其他具有生命特征个体的制约。因此，关于荒漠草原土壤酶活性的变化仍需进一步的研究与探讨，不能单一地从某一方面来分析。

4.9　植物、土壤与微生物化学计量相关性分析

通过对植物、土壤及微生物化学计量相关性分析（表 4-8）可知，植被特征（高度、盖度、生物量）与土壤全氮、全磷、微生物量氮呈极显著正相关（$P<0.01$）；植物碳与土壤有机碳呈极显著正相关（$P<0.01$），相关系数为 0.815；同样，植物磷与土壤全磷呈极显著正相关（$P<0.01$），相关系数为 0.688；土壤有机碳与微生物量碳呈显著正相关（$P<0.05$），相关系数为 0.958；土壤全氮与微生物量氮呈显著正相关（$P<0.05$），相关系数为 0.931。

表 4-8　植物、土壤及微生物化学计量相关性分析

	盖度	生物量	植物碳	植物氮	植物磷	土壤有机碳	土壤全氮	土壤全磷	微生物量碳	微生物量氮
高度	0.719**	0.917**	0.862**	0.835**	0.612**	0.649**	0.650**	0.671**	0.794**	0.917**
盖度		0.891**	0.873**	0.682**	0.832**	0.471	0.688**	0.642**	0.555*	0.854**
生物量			0.971**	0.984**	0.854**	0.482	0.758**	0.770**	0.822**	0.944**
植物碳				0.215	0.246	0.815**	0.220	0.494	0.680*	0.196
植物氮					0.230	0.177	0.911**	0.643	0.648	0.349
植物磷						0.315	0.301	0.688**	0.208	0.711
土壤有机碳							0.130	0.689	0.958*	0.696
土壤全氮								0.241	0.119	0.931*
土壤全磷									0.677	0.261
微生物量碳										0.394

4.10 总 结

4.10.1 围封年限对植物的影响

围封是改良退化草地的重要手段，常用于受损草地的恢复。围封能够明显提高群落的盖度、高度及地上生物量，但是对物种多样性的影响尚无统一的定论。一些学者认为围封可以提高物种多样性，例如，瞿夏杰等认为，围封能够增加植物种类、地上生物量并改善土壤，提高土壤有机质含量；Oliva 等认为，围封增加了物种丰富度和多样性；闫玉春等认为围封不影响样地的物种多样性；还有一些学者认为围封会降低物种的多样性。造成这些差异的原因可能是由于研究区域的草原类型、优势种组成、放牧强弱等因素不同。我们的研究表明，地上生物量随围封年限的增加而递增，植被盖度、高度分别在围封 8 年、12 年有所降低，围封 15 年最大，同上述结论一致；多样性指数随围封年限的增加呈递增趋势，但丰富度指数、均匀度指数、优势度指数都不随着围封年限的增加呈简单的线性关系，说明围封年限也是造成物种多样性变化不规律的原因之一。

植物生长状况可以通过植物的生物量来反映：一方面，土壤水分在影响植物生长的同时决定生物量的多少；另一方面，温度的影响也会使生物量发生改变。荒漠草原采取围栏封育措施后，围栏内的植物避免了动物践踏和采食行为的干扰[35]，这为植物的恢复提供了有利条件。植物和土壤之间相互作用、相互制约，地上植物的改善将促进土壤中的养分循环与利用。本实验结果显示，围封 12 年以后，由于土壤中水分与养分的消耗，在一定程度上限制了植物的生长，导致植物生物量、盖度等开始降低。各样地优势种地上部分碳含量变化表现为围封 5 年样地的植物碳含量显著高于放牧及围封 8 年、12 年和 15 年的测定值；氮含量变化表现为围封 8 年样地的优势种地上部分氮含量显著高于放牧及围封 5 年、12 年和 15 年的样地；当围栏状态达到 8 年时，优势种植物地上部分磷含量要显著高于放牧地和围封 15 年样地。

4.10.2 围封年限对土壤容重、含水量及 pH 的影响

家畜活动的存在使践踏作用增强，这在一定程度上降低了土壤孔隙度[36]，使土壤结构变得致密，从而增大容重。荒漠草原围封后，家畜活动受到限制，围栏内土壤避免了动物的直接接触，土壤结构变得相对疏松，同时，孔隙度在根系不断扩张的影响下增大，两者的共同作用使土壤容重发生改变，导致容重减小。本实验结果显示，围封 5 年、8 年、12 年、15 年的土壤容重均低于放牧地的测定值，

且在各个土层中，土壤容重随围封时间增加呈先减小后增大的趋势。由于取样层次的原因，使得底层含水量测定值相较表层测定值大。这可能是因为荒漠草原围封以后植物盖度增加，导致植物在生长过程中对表层水分需求量增大，再加上研究区风沙活动频繁，促进了表土水分的蒸发，而土壤深处的水分得到有效保持，导致此现象的发生。

4.10.3　围封年限对土壤有机碳、全氮、全磷的影响

土壤有机碳、全氮、全磷测定值在围封状态下均随着围封年限的增加表现出先升高后降低的规律，该结果与黄蓉等[37]研究相似。原因可能是围封措施使植被特征得到改善，植被高度、盖度等均在有利的条件下逐渐增加，但长时间的围封使土壤表面存在过多枯落物，对植物的再生、土壤养分的分解和循环产生影响[38]。因此，采取相应的改进措施探讨关于此现象的制约因素，成为未来的工作之一。

各个土层中，所选取样地中的土壤 C∶N、C∶P 和 N∶P 具有相似的变化规律。在表层土中，放牧地的土壤 C∶N 高于围封 5 年、8 年、12 年、15 年样地。动物在活动过程中会产生大量的有机成分以促使有个体活动时样地土壤 C∶N 较围封状态下的 C∶N 高。此外，C∶N 在 0～10cm 和 10～20cm 土层中随围封时间增加呈先减小后增大的趋势，而这种现象在 20～30cm 土层则没有体现出来。同样，土壤 C∶P 在表层表现出与 C∶N 相似的规律，而 N∶P 在各层中总体上表现出随围封时间延长先减小后增大的趋势。

4.10.4　围封年限对土壤微生物生物量碳、氮的影响

经过分析可知，土壤微生物生物量碳、氮含量随围封时间延长呈先升高后降低的趋势。当围封时间设置为 5 年、8 年、12 年、15 年时，土壤微生物生物量碳含量于表层均较放牧地测定值高，分别增加了 38.75%、50.64%、56.95%和 17.17%；10～20cm 土层，围封样地微生物量碳分别较放牧地提高了 53.83%、104.64%、124.75%和 38.63%；20～30cm 土层，围封 5 年、8 年、12 年和 15 年样地的微生物量碳明显增加，分别提高 64.5%、78.34%、97.99 和 44.95%。本实验研究结果表明，当处于围封状态下时，微生物量氮于各层土壤中测定值较放牧地大，具体表现为：围封状态下表土层的土壤微生物生物量氮均得到改善，在 10～20cm 土层中，围封 8 年、12 年的土壤微生物生物量氮含量明显增加；20～30cm 土层，围封 12 年样地的微生物量氮含量显著高于放牧地的测定值，而放牧及围封 5 年、8 年和 15 年样地之间则无显著差异。总体看来，土壤微生物生物量碳、氮含量多集中在 0～10cm 土层，具有明显的“表聚性”。本研究与张蕴薇等[39]研究结果一致。

土壤微生物生物量碳和微生物量氮之所以在表层含量较高，可能是因为植物根系大多集中于表层，旺盛的根系活动促进了植物根系向土壤中分泌的物质增多，良好的条件进一步促进了微生物的生长。

在放牧及围封 5 年、8 年、12 年、15 年的样地中，土壤微生物生物量 C∶N 在 0～10cm、10～20cm 和 20～30cm 土层随着围栏时间的延长呈现出先升高后降低的变化规律。

4.10.5 围封年限对土壤酶活性的影响

当荒漠草原处于围封状态下时，土壤脲酶、蔗糖酶、过氧化氢酶和碱性磷酸酶未表现出明显的趋势，而且各个测定指标在各层中有着明显差异。土壤脲酶的变化具体表现为：在 0～10cm 和 10～20cm 土层，围封达到 12 年状态下的土壤脲酶活性最高，放牧地土壤脲酶活性均显著高于围封 8 年、15 年；放牧地土壤脲酶于 20～30cm 土层中的测定值显著高于围封 5 年、8 年、12 年、15 年，在对实验数据进行分析后可以看到围封 5 年、8 年、12 年和 15 年样地之间差异不明显。蔗糖酶在不同土层中的变化为：围封 5 年和 15 年的蔗糖酶活性在表层均显著高于放牧地；在 10～20cm 土层中，放牧地蔗糖酶活性显著高于围封 5 年、8 年、12 年和 15 年样地；而放牧地蔗糖酶在 20～30cm 土层的值明显高于围封 5 年、12 年和 15 年样地。另外，对围封状态下的过氧化氢酶也进行了分析：围封 5 年、8 年、12 年、15 年样地土壤过氧化氢酶活性处于表层时均显著高于放牧地；而这几个时间段的测定值在 10～20cm 土层时却表现出低于放牧地的数值；在底层处于围封状态下所测的值表现出与上层相似的趋势。分析碱性磷酸酶在各土层中的变化后发现，围封状态达到 15 年时 0～10cm 土层中的土壤碱性磷酸酶活性显著高于放牧及围封 5 年、8 年、12 年；放牧、围封 12 年、5 年与 8 年之间酶活性在 10～20cm 土层中差异不显著；当围栏状态达到 12 年时，底层的碱性磷酸酶活性均显著高于未放牧及围封 5 年、8 年、12 年、15 年的测定值。王蕾等[26]对荒漠草原土壤酶活性的研究表明，随围封年限的增加，土壤碱性磷酸酶表现出逐渐增加的变化规律，本实验结果与该研究并不一致。荒漠草原本身存在一定的异质性，在受到外界扰动后容易发生一些变化。此外，酶活性的影响因素十分复杂，若要明确具体的原因，还需要继续进行相关的实验分析。

参 考 文 献

[1] 刘华, 蒋齐, 王占军, 等. 不同封育年限宁夏荒漠草原土壤种子库研究[J]. 水土保持研究, 2011, 18(5): 96-103.

[2] 焦树英, 韩国栋, 李永强, 等. 不同载畜率对荒漠草原群落结构和功能群生产力的影响[J].

西北植物学报, 2006, 26(3): 564-571.

[3] 马文文, 姚拓, 靳鹏, 等. 荒漠草原 2 种植物群落土壤微生物及土壤酶特征[J]. 中国沙漠, 2014, 34(1): 176-183.

[4] 赛胜宝. 内蒙古北部荒漠草原带的严重荒漠化及其治理[J]. 干旱区资源与环境, 2001, 15(4): 35-39.

[5] 黄菊莹, 赖荣生, 余海龙, 等. N 添加对宁夏荒漠草原植物和土壤 C∶N∶P 生态化学计量特征的影响[J]. 生态学杂志, 2013, 32(11): 2850-2856.

[6] 韩兴国, 李凌浩. 内蒙古草地生态系统维持机理[M]. 北京: 中国农业大学出版社, 2012.

[7] 李赟. 长期围封对亚高山草地土壤和植被的影响[D]. 乌鲁木齐: 新疆农业大学硕士学位论文, 2009.

[8] 董旋. 围封对退化温性荒漠草原植被和土壤的影响[D]. 呼和浩特: 内蒙古农业大学硕士学位论文, 2015.

[9] 敖伊敏. 不同围封年限下典型草原土壤生态化学计量特征研究[D]. 呼和浩特: 内蒙古师范大学硕士学位论文, 2012.

[10] 邓妹杰. 锡林郭勒草原退化现状及生态恢复研究[D]. 济南: 山东师范大学硕士学位论文, 2009.

[11] 何丹. 改良措施对天然草原植被及土壤的影响[D]. 北京: 中国农业科学院硕士学位论文, 2009.

[12] 董杰. 封育对退化典型草原土壤理化性质与土壤种子库的影响研究[D]. 呼和浩特: 内蒙古大学硕士学位论文, 2007.

[13] 李政海, 王炜, 刘钟龄. 退化草原围封恢复过程中草场质量动态的研究[J]. 内蒙古大学学报, 1995, 26(3): 334-338.

[14] 李永宏. 内蒙古典型草原地带退化草原的恢复动态[J]. 生物多样性, 1995, 3(3): 125-130.

[15] Middleton N J, Thomas D S G. Worid Atlas of Desertification (2nd edition)[M]. London: Edward Amold, 1998: 5-12.

[16] 杨晓晖, 张克斌, 侯瑞萍. 封育措施对半干旱草场植被群落特征及地上生物量的影响[J]. 生态环境, 2005, 14(5): 730-734.

[17] Chen Z Z. Degradation and enclosure transfer of grassland ecosystem in Inner Mongolia[Z]. Steppe in the past-A series speech in Inner Mongolia Tourism Cultural Festival, 2003.

[18] 左万庆, 王玉辉, 王风玉, 等. 围栏封育措施对退化羊草草原植物群落特征影响研究[J]. 草业学报, 2009, 18(3): 12-19.

[19] Meissner R A, Facelli J M. Effects of sheep exclusion on the soil seed bank and annual vegetation in chenopods shrublands of South Australia[J]. Journal of Arid Environments, 1999, 42: 117-128.

[20] 张晶晶, 许冬梅. 宁夏荒漠草原不同封育年限优势种群的生态位特征[J]. 草地学报, 2013, 21(1): 73-78.

[21] 文海燕, 赵哈林, 傅华. 开垦和封育年限对退化沙质草地土壤性状的影响[J]. 2005, 14(1): 31-37.

[22] 杨新国, 宋乃平, 李学斌, 等. 短期围栏封育对荒漠草原沙化灰钙土有机碳组分及物理稳定性的影响[J]. 应用生态学报, 2012, 23(12): 3325-3330.

[23] 赵志红. 半干旱黄土区集雨措施和养分添加对苜蓿草地和封育植被生产力及土壤生态化学计量特征的影响[D]. 兰州: 兰州大学硕士学位论文, 2010.

[24] Wang M J, Li Q F, Qing X L. The quantities of seed setting in fenced and freely grazed areas in Stipa Baicalensis steppe, Inner Mongola[J]. Grassland of China, 2001, 23(6): 21-26.
[25] 杜伟文. 土壤酶研究进展[J]. 湖南林业科技, 2005, 32(5): 76-79.
[26] 王蕾, 孙玉荣, 于钊, 杨洁. 围封年限对荒漠草原土壤酶活性的影响[J]. 安徽农业科学, 2012, 40(24): 12036-12038.
[27] 姚槐应, 黄昌勇. 土壤微生物生态学及其实验技术[M]. 北京: 科学出版社, 2006.
[28] 曹帮华, 吴丽云. 滨海盐碱地刺槐白蜡混交林土壤酶与养分相关性研究[J]. 水土保持学报, 2008, 22(1): 130 -131.
[29] 王俊华, 尹睿, 张华勇, 等. 长期定位施肥对农田土壤酶活性及其相关因素的影响[J]. 生态环境, 2007, 16(1): 191-196.
[30] 晋曦, 马严, 傅松玲, 等. 封育阔叶林土壤的微生物酶活性[J]. 江苏农业科学, 2014, 42(11): 380-382.
[31] 周礼恺. 土壤酶学[M]. 北京: 科学出版社, 1989.
[32] 蔡晓布, 钱成, 张永清. 退化高寒草原土壤生物学性质的变化[J]. 应用生态学报, 2007, 18(8): 1733-1738.
[33] 闫瑞瑞, 闫玉春, 辛晓平. 不同放牧梯度下草甸草原土壤微生物和酶活性研究[J]. 生态环境学报, 2011, 20(2): 259-265.
[34] 吕桂芬, 吴永胜, 李浩, 等. 荒漠草原不同退化阶段土壤微生物、土壤养分及酶活性的研究[J]. 中国沙漠, 2010, 30(1): 104-109.
[35] 王蕾, 许冬梅, 张晶晶. 围封年限对沙质草地土壤理化性质的影响[J]. 水土保持学报, 2013, 3: 5-7.
[36] 安慧, 徐坤. 放牧干扰对荒漠草原土壤性状的影响[J]. 草业学报, 2013, 22(4): 35-42.
[37] 黄蓉, 王辉, 王惠, 等. 围封年限对沙质草地土壤理化性质的影响[J]. 水土保持学报, 2014, 28(1): 183-188.
[38] 黄昌勇. 土壤学(第 3 版)[M]. 北京: 中国农业出版社, 2011.
[39] 张蕴薇, 韩建国, 韩永伟, 等. 不同放牧强度下人工草地土壤微生物生物量碳、氮的含量[J]. 草地学报, 2003, 11(4): 343-345.

第 5 章　围封对荒漠草原植物-土壤-微生物计量特征的影响

围栏封育是宁夏荒漠草原生态恢复的有效措施，由于植被-土壤-微生物系统C、N、P 循环是在生态系统内部之间相互转换，探讨系统组分间 C∶N∶P 的相互作用及其与生态恢复的关系具有重要意义。目前，长期封育对不同群落的荒漠草原生态系统植物-土壤-微生物 C、N、P 化学计量影响尚不清楚。本项目选择封育 20 年荒漠草原四种典型植物生态系统为研究对象，并以围栏外草地为对照，通过测定围栏封育样地植物、土壤、土壤微生物的 C、N、P 元素化学计量特征，分析围封对植物、土壤、微生物 C、N、P 生态化学计量空间格局的影响，揭示封育对系统中 C、N、P 生态化学计量交换的影响机制，其结果将为植物对营养元素的需求状况、土壤的养分供给能力、限制性营养元素判断提供依据，为荒漠草原的保护和恢复提供理论基础。

5.1　围封对荒漠草原不同植物群落土壤养分的影响

短花针茅群落土壤有机质含量为围栏内显著高于围栏外，蒙古冰草群落、胡枝子群落、苦豆子群落则相反；不同群落间短花针茅群落围栏内有机质含量最高，蒙古冰草群落最低，胡枝子群落和苦豆子群落无差异；围栏外胡枝子群落有机质含量最高，苦豆子群落、短花针茅群落和蒙古冰草群落无差异（图 5-1）。土壤全磷含量均表现为围栏内显著高于围栏外；不同群落之间围栏内外均表现为胡枝子群落>苦豆子群落>短花针茅群落>蒙古冰草群落（图 5-2）。土壤全氮含量均表现为围栏内低于围栏外；不同群落间全氮含量围栏内外均为胡枝子群落>短花针茅群落>蒙古冰草群落>苦豆子群落（图 5-3）。速效磷含量蒙古冰草群落和短花针茅群落均是围栏内显著高于围栏外，而胡枝子群落和苦豆子群落则相反；不同群落间速效磷含量围栏内外均为蒙古冰草群落>短花针茅群落>苦豆子群落>胡枝子群落（图 5-4）。四种植物群落速效钾含量均为围栏内低于围栏外，不同植物群落之间围栏内差异不明显，围栏外速效钾含量为蒙古冰草群落>苦豆子群落>短花针茅群落>胡枝子群落（图 5-5）。蒙古冰草群落、短花针茅群落、胡枝子群落围栏内外碱解氮含量差异不明显，而苦豆子群落则是围栏内低于围栏外；不同群落间碱解氮含量围栏内外均为表现为蒙古冰草群落>胡枝子群落>短花针茅群落>苦豆子群落（图 5-6）。

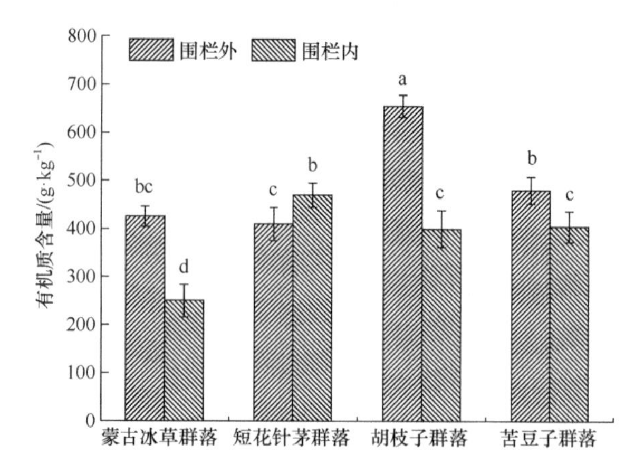

图 5-1 不同植物群落围栏内外土壤有机质含量

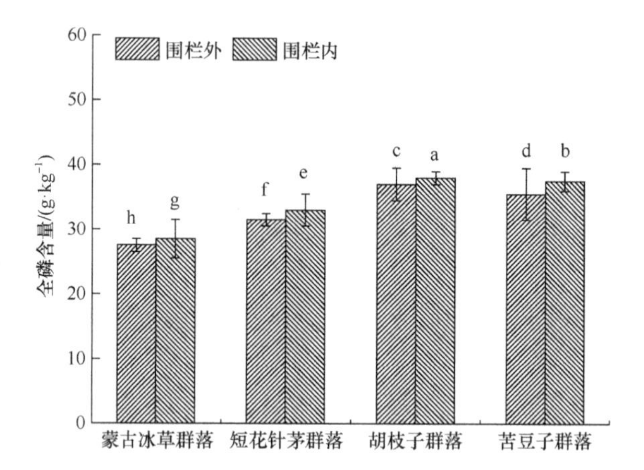

图 5-2 不同植物群落围栏内外土壤全磷含量

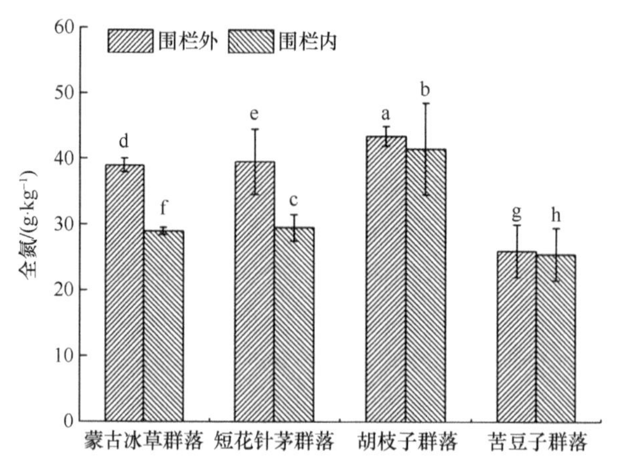

图 5-3 不同植物群落围栏内外土壤全氮含量

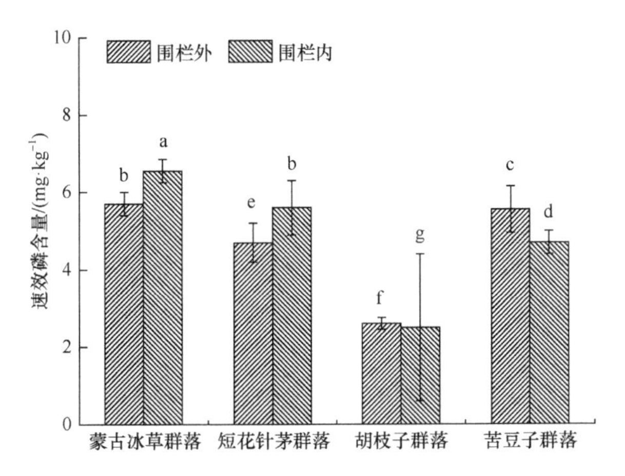

图 5-4　不同植物群落围栏内外土壤速效磷含量

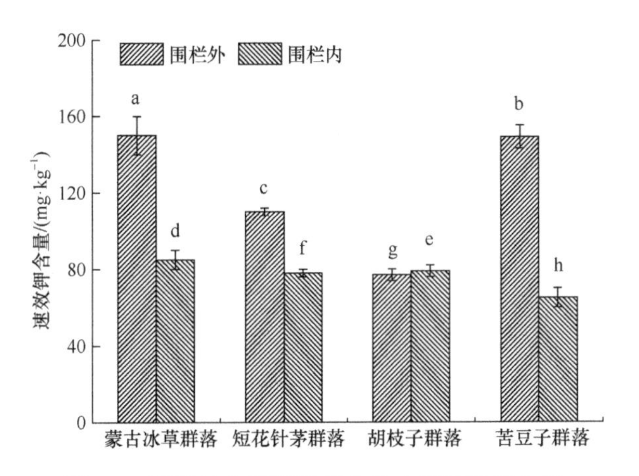

图 5-5　不同植物群落围栏内外土壤速效钾含量

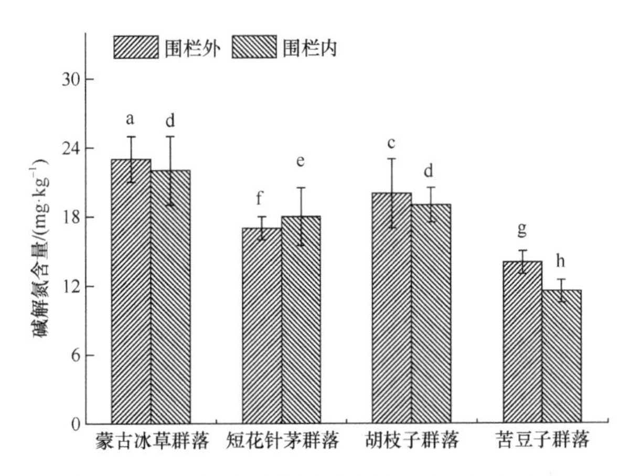

图 5-6　不同植物群落围栏内外土壤碱解氮含量

5.2 围封对荒漠草原不同植物群落土壤 pH、土壤全盐及含水量的影响

研究表明，土壤 pH 在围栏内外、不同植物群落之间均无显著差异（图 5-7）。土壤全盐含量为胡枝子群落围栏内显著高于围栏外，而蒙古冰草群落、短花针茅群落、苦豆子群落则相反；不同群落之间土壤全盐含量围栏内无显著差异；围栏外蒙古冰草群落土壤全盐含量较高，短花针茅群落、胡枝子群落和苦豆子群落无差异（图 5-8）。围栏内胡枝子群落和苦豆子群落土壤含水量显著高于围栏外；蒙古

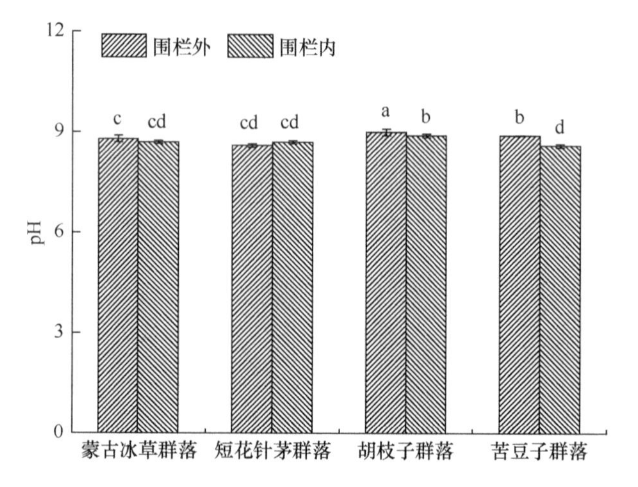

图 5-7 不同植物群落围栏内外土壤 pH 含量

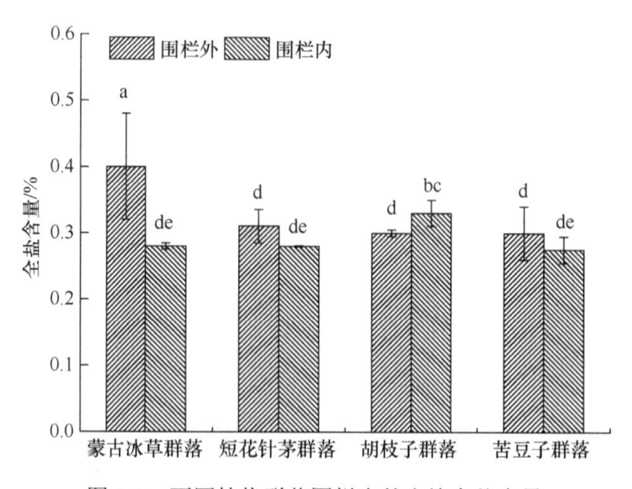

图 5-8 不同植物群落围栏内外土壤全盐含量

冰草群落和短花针茅群落土壤含水量则相反；不同群落围栏内外的土壤含水量均为苦豆子群落>胡枝子群落>短花针茅群落>蒙古冰草群落（图 5-9）。

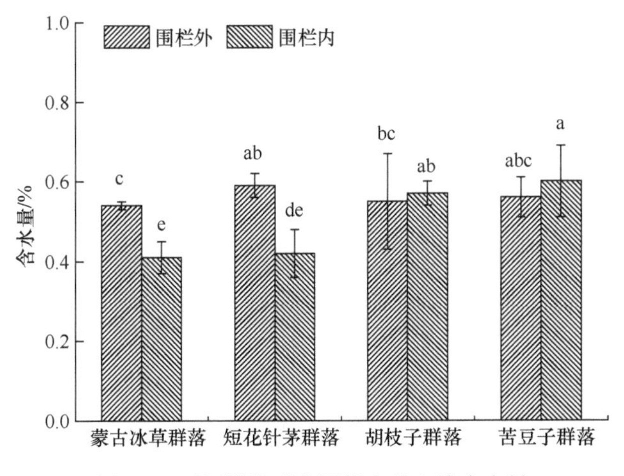

图 5-9　不同植物群落围栏内外土壤含水量

5.3　围封对荒漠草原不同植物群落土壤生物特性的影响

对围封条件下的土壤碱性磷酸酶分析发现，不同植物群落土壤酶活性表现不一致。短花针茅群落和苦豆子群落碱性磷酸酶活性围栏内显著高于围栏外，蒙古冰草群落和胡枝子群落则相反；不同群落围栏内外表现不一致，围栏内短花针茅群落>胡枝子群落>蒙古冰草群落>苦豆子群落，围栏外蒙古冰草群落>胡枝子群落>短花针茅群落>苦豆子群落（图 5-10）。胡枝子群落的土壤脲酶、

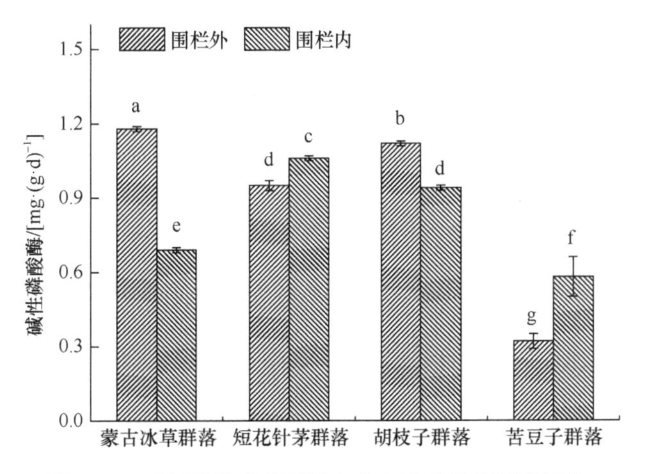

图 5-10　不同植物群落围栏内外土壤碱性磷酸酶活性

蔗糖酶活性围栏内显著高于围栏外，蒙古冰草群落、短花针茅群落和苦豆子群落则相反；不同群落围栏内外脲酶活性和蔗糖酶活性均表现不一致，脲酶活性围栏内胡枝子群落>短花针茅群落>蒙古冰草群落>苦豆子群落，围栏外蒙古冰草群落>胡枝子群落>短花针茅群落>苦豆子群落（图 5-11）。围栏内土壤蔗糖酶活性：胡枝子群落>蒙古冰草群落>苦豆子群落>短花针茅群落，围栏外蒙古冰草群落>短花针茅群落>胡枝子群落>苦豆子群落（图 5-12）。围栏内短花针茅群落、胡枝子群落和苦豆子群落土壤中的过氧化氢酶活性显著高于围栏外，蒙古冰草群落则相反，并且不同植物群落间的土壤过氧化氢酶活性无显著差异（图 5-13）。

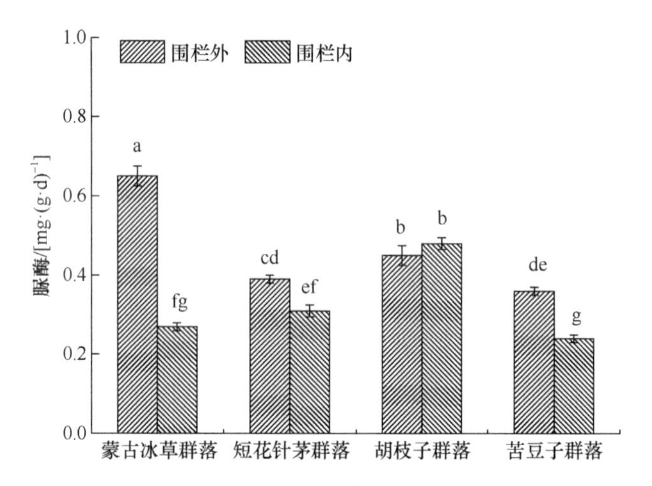

图 5-11　不同植物群落围栏内外土壤脲酶活性

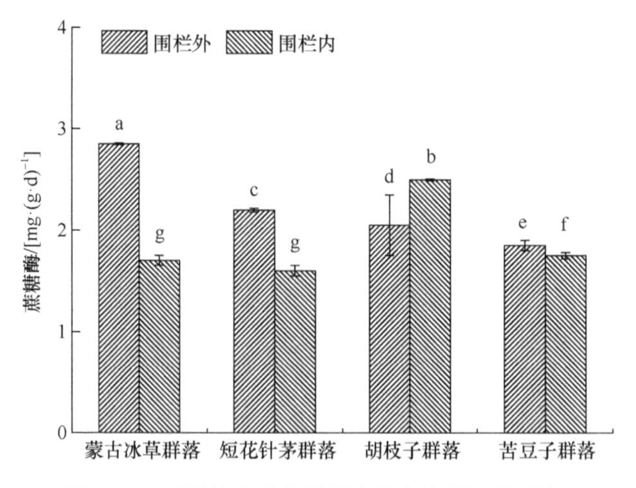

图 5-12　不同植物群落围栏内外土壤蔗糖酶活性

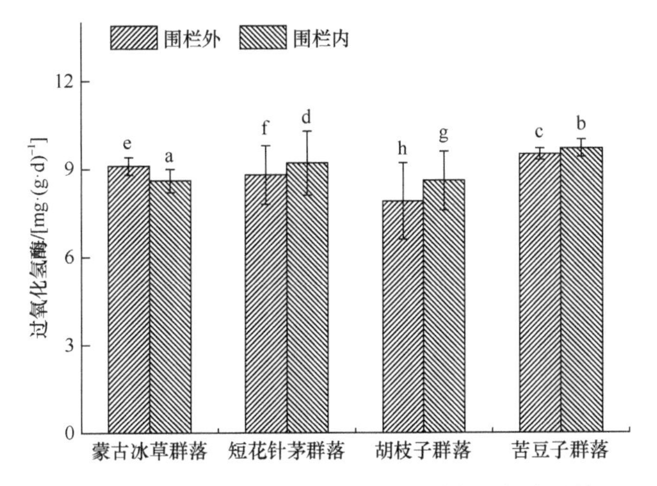

图 5-13　不同植物群落围栏内外土壤过氧化氢酶活性

5.4　围封对荒漠草原不同植物群落土壤微生物生物量的影响

研究结果表明，围封使蒙古冰草群落、短花针茅群落土壤微生物碳含量增加，胡枝子群落则相反，围封对苦豆子群落土壤微生物生物量碳无影响；围封状态下，不同群落土壤微生物生物量碳含量胡枝子群落>短花针茅群落>蒙古冰草群落>苦豆子群落，围栏外胡枝子群落微生物量碳含量最高，蒙古冰草群落、短花针茅群落和苦豆子群落差异不明显（图 5-14）。围封使短花针茅群落、胡枝子群落的土壤微生物生物量氮含量增加，蒙古冰草群落则相反，对苦豆子群落无显著影响；

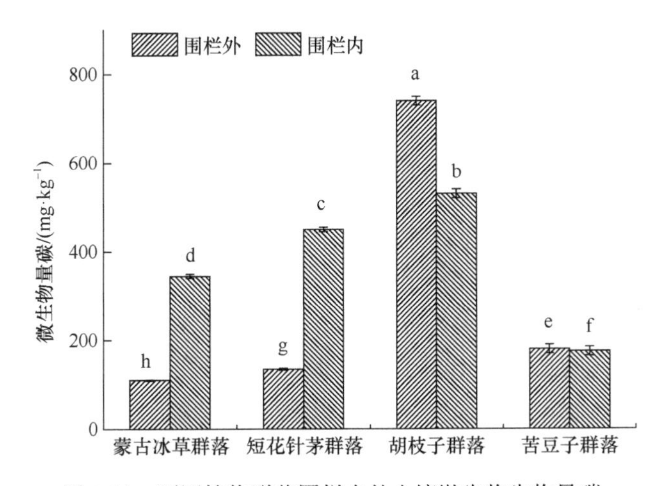

图 5-14　不同植物群落围栏内外土壤微生物生物量碳

不同群落土壤微生物量氮对围封的响应并不一致，围栏内蒙古冰草群落和胡枝子群落含量较高且群落间含量无差异，短花针茅与苦豆子群落间微生物量氮含量无差异；围栏外蒙古冰草群落微生物量氮含量最高，短花针茅群落、胡枝子群落和苦豆子群落土壤微生物生物量氮含量差异不明显（图 5-15）。

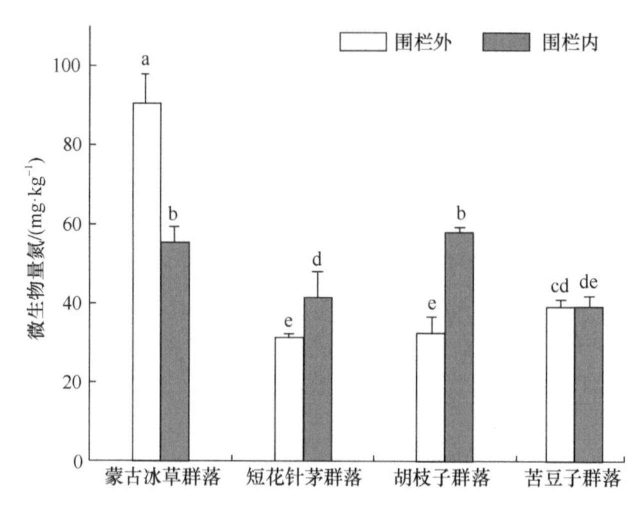

图 5-15 不同植物群落围栏内外土壤微生物生物量氮

5.5 不同植物群落土壤酶活性与土壤养分的相关性分析

荒漠草原不同植物群落土壤酶活性与土壤养分的相关性有差异（表 5-1）。①蒙古冰草群落：土壤脲酶与全氮、速效钾呈极显著正相关（$P<0.01$），与有机质呈显著正相关（$P<0.05$），与速效磷呈显著负相关（$P<0.05$）；碱性磷酸酶、蔗糖酶与有机质、全氮、速效钾呈极显著正相关（$P<0.01$），与速效磷呈显著负相关（$P<0.05$）。②短花针茅群落：土壤脲酶与全氮、速效钾呈极显著正相关（$P<0.01$），碱性磷酸酶与全氮、速效钾呈极显著负相关（$P<0.01$），蔗糖酶与土壤全氮呈显著正相关（$P<0.05$），与速效钾呈极显著正相关（$P<0.01$），过氧化氢酶与速效磷呈显著正相关（$P<0.05$）。③胡枝子群落：碱性磷酸酶与有机质呈极显著正相关（$P<0.01$）。④苦豆子群落：土壤脲酶与速效钾呈极显著正相关（$P<0.01$），与碱解氮呈显著正相关（$P<0.05$），蔗糖酶与速效磷呈极显著正相关（$P<0.01$），与速效钾、碱解氮呈显著正相关（$P<0.05$），过氧化氢酶与有机质呈显著负相关（$P<0.05$）。

表 5-1　荒漠草原不同植物群落土壤酶活性与土壤养分的相关性

群落类型	土壤酶	有机质	全氮	全磷	速效磷	速效钾	碱解氮
蒙古冰草（*Agropyron mongolicum*）	脲酶	0.916*	0.983**	–0.343	–0.860*	0.962**	0.238
	碱性磷酸酶	0.922**	0.994**	–0.377	–0.873*	0.978**	0.218
	蔗糖酶	0.930**	0.992**	–0.373	–0.877*	0.977**	0.224
	过氧化氢酶	–0.649	–0.674	0.784	0.512	–0.814*	0.033
短花针茅（*Stipa breviflora*）	脲酶	–0.716	0.924**	–0.683	–0.615	0.951**	–0.158
	碱性磷酸酶	0.78	–0.958**	0.591	0.634	–0.940**	0.237
	蔗糖酶	–0.67	0.874*	–0.547	–0.635	0.972**	–0.326
	过氧化氢酶	–0.213	–0.165	–0.38	0.854*	–0.397	0.171
胡枝子（*Lespedeza bicolor*）	脲酶	–0.577	–0.421	0.745	0.087	0.654	–0.733
	碱性磷酸酶	0.968**	0.257	–0.326	0.112	–0.127	–0.021
	蔗糖酶	–0.721	–0.166	0.831*	0.024	0.438	–0.502
	过氧化氢酶	–0.312	–0.1	0.793	–0.467	0.146	–0.653
苦豆子（*Sophora alopecuroides*）	脲酶	0.604	0.205	–0.287	0.809	0.990**	0.873*
	碱性磷酸酶	–0.388	–0.356	0.358	–0.68	–0.919**	–0.911*
	蔗糖酶	0.253	0.383	0.103	0.970**	0.856*	0.887*
	过氧化氢酶	–0.817*	0.264	0.178	–0.054	–0.279	–0.052

*在 0.05 水平上显著相关；**在 0.01 水平上显著相关。

5.6　围封对荒漠草原不同植物群落土壤细菌群落相对丰度的影响

从门水平上的分析表明，荒漠草原四种植物群落土壤的细菌门为变形菌门 Proteobacteria、放线菌门 Actinobacteria、奇古菌门 Thaumarchaeota、酸杆菌门 Acidobacteria、拟杆菌门 Bacteroidetes、芽单胞菌门 Gemmatimonadetes、厚壁菌门 Firmicutes、绿弯菌门 Chloroflexi、热微菌门 Thermomicrobia、疣微菌门 Verrucomicrobia。常见菌菌群为奇古菌门 Thaumarchaeota、酸杆菌门 Acidobacteria、拟杆菌门 Bacteroidetes、芽单胞菌门 Gemmatimonadetes、厚壁菌门 Firmicutes、绿弯菌门 Chloroflexi、热微菌门 Thermomicrobia；疣微菌门 Verrucomicrobia 为稀有菌群。

荒漠草原的四种植物群落土壤细菌群落优势类群比较明显。土壤细菌群相对丰度显示，围栏内外优势菌均为变形菌门和放线菌门，变形菌门在土壤中的丰度最高，占32.34%～42.46%。优势菌在四种植物群落土壤中所占比例各不相同，围栏内，蒙古冰草群落变形菌门占34.49%、放线菌门占33.2%，短花针茅群落变形菌门占36.06%、放线菌门占34.01%，胡枝子群落变形菌门占41.73%、放线菌门占20.26%，苦豆子群落变形菌门占42.46%、放线菌门占28.88%；围栏外，蒙古冰草群落变形菌门占32.34%、放线菌门占30.03%，短花针茅群落变形菌门占33.29%、放线菌门占36.29%，胡枝子群落变形菌门占34.53%、放线菌门占23.72%，苦豆子群落变形菌门占40.62%、放线菌门占23.11%。优势菌相对丰度围栏内显著高于围栏外，表明围封提高了四种植物群落优势菌群的相对丰度（表5-2）。

表5-2 四种植物围栏内外土壤群落细菌群比例 （单位：%）

细菌群	蒙古冰草群落		短花针茅群落		胡枝子群落		苦豆子群落	
	围栏内	围栏外	围栏内	围栏外	围栏内	围栏外	围栏内	围栏外
变形菌门	34.49±0.52	32.34±1.95	36.06±2.32	33.29±0.71	41.73±1.71	34.53±2.29	42.46±2.04	40.62±3.11
放线菌门	33.2±2.17	30.03±1.08	34.01±2.61	36.29±1.02	20.26±0.65	23.72±1.82	28.88±2.56	23.11±1.55
奇古菌门	3.03±0.52	2.1±0.31	2.19±1.06	1.25±0.64	1.79±0.89	7.15±6.06	2.86±2.00	3.28±1.59
酸杆菌门	8.04±0.88	9.05±1.31	6.57±1.02	7.09±0.66	9±0.71	10.8±0.53	5.76±1.18	8.8±0.89
拟杆菌门	5.19±1.05	6.57±0.66	7.38±1.88	5.87±0.11	7.93±0.81	5.14±0.71	7.33±0.38	4.69±0.69
芽单胞菌门	4.75±0.48	4.97±0.65	4.07±0.56	4.55±0.8	8.5±0.78	6.37±0.27	4.97±0.77	6.19±0.58
厚壁菌门	1.05±0.22	5.02±0.82	1.29±0.55	2.54±0.71	2.41±1.22	1.65±0.68	2.07±0.46	5.4±1.45
绿弯菌门	7±0.49	5.06±0.71	5.36±0.79	5.44±0.7	4.43±0.01	5.87±0.4	2.98±0.07	3.96±0.14
热微菌门	0.64±0.09	2.34±0.15	0.9±0.36	1.75±0.11	0.77±0.22	1.94±0.06	0.56±0.02	2.03±0.54
疣微菌门	0.54±0.05	0.66±0.27	0.34±0.06	0.34±0.1	0.4±0.07	0.33±0.07	0.28±0.12	0.15±0.05

分析荒漠草原四种植物群落围栏内外细菌群聚集情况（图5-16）。土壤细菌类群围栏内表现如下：蒙古冰草群落主要聚集了绿弯菌门、酸杆菌门、放线菌门，短花针茅群落主要聚集了拟杆菌门，胡枝子群落主要聚集了变形菌门，苦豆子群落主要聚集了变形菌门、放线菌门、拟杆菌门和芽单胞菌门。土壤细菌类群围栏外表现如下：蒙古冰草群落主要聚集了变形菌门、放线菌门和拟杆菌门，短花针茅群落基本没有主要细菌群的聚集，胡枝子群落主要聚集了酸杆菌门，苦豆子群落主要聚集了变形菌门、绿弯菌门。结果表明，围封增加了蒙古冰草群落和苦豆子群落的细菌群落组成，围封后苦豆子群落细菌群落组成增加最为显著。

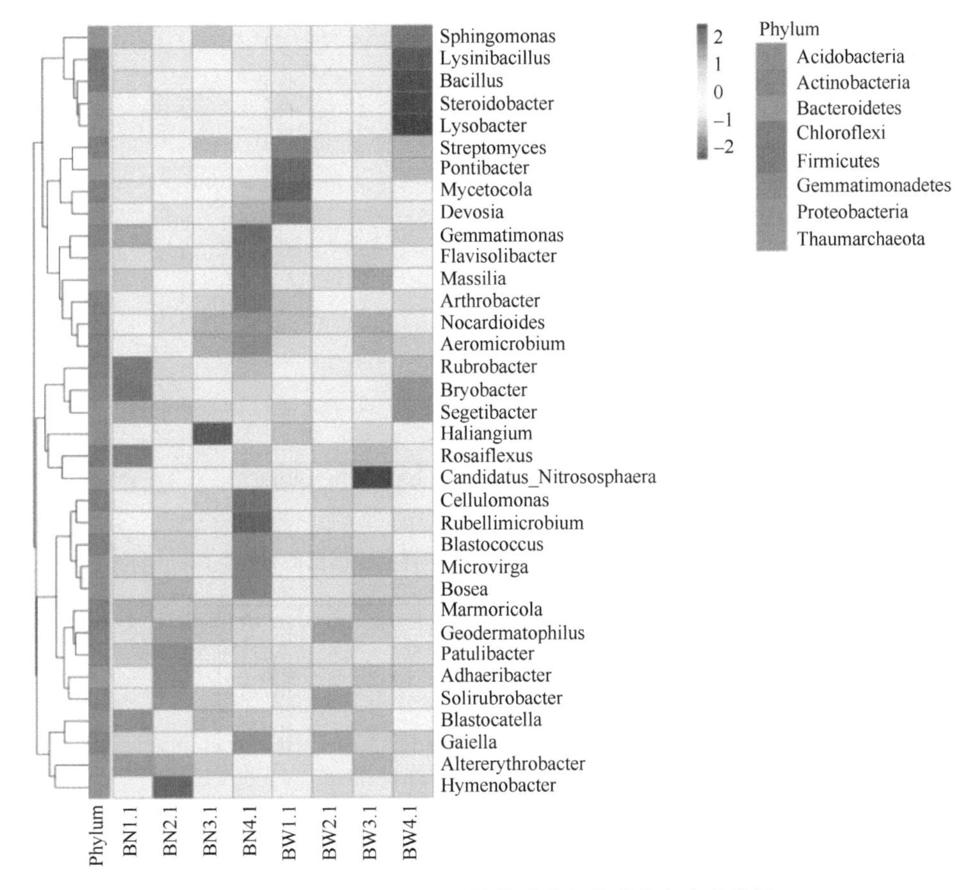

图 5-16　围封条件下不同植物群落细菌群的丰度聚类图

5.7　围封对荒漠草原不同植物群落细菌群多样性的影响

5.7.1　不同植物群落围栏内外土壤细菌测序数据合理性及均匀度分析

所有土壤样品的稀释已达平台期，表明 16S 测序结果数据量足够反映土壤中所有微生物群落（图 5-17），并间接反映样品中物种的丰富程度，即反映不同植物群落细菌测序量为：围栏内胡枝子群落>蒙古冰草群落>短花针茅群落>苦豆子群落，围栏外蒙古冰草群落>胡枝子群落>短花针茅群落>苦豆子群落。四种植物群落围栏内外细菌群，在水平方向丰富度均表现为围栏内显著高于围栏外。苦豆子群落土壤细菌群丰富度最高，短花针茅群落和蒙古冰草群落的细菌丰富度没有差异，胡枝子群落最低。四种植物群落土壤细菌群在垂直方向的均匀度变化规律与其水平方向的丰富度变化规律呈相反结果（图 5-18）。

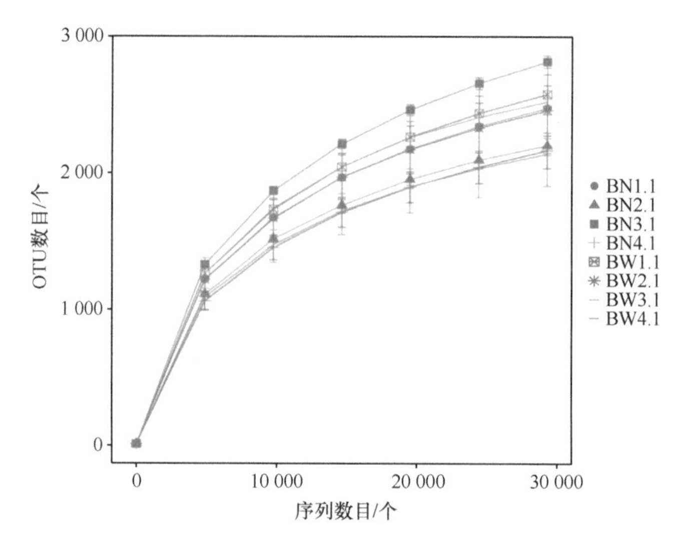

图 5-17　不同植物群落围栏内外土壤样品中细菌的稀释曲线

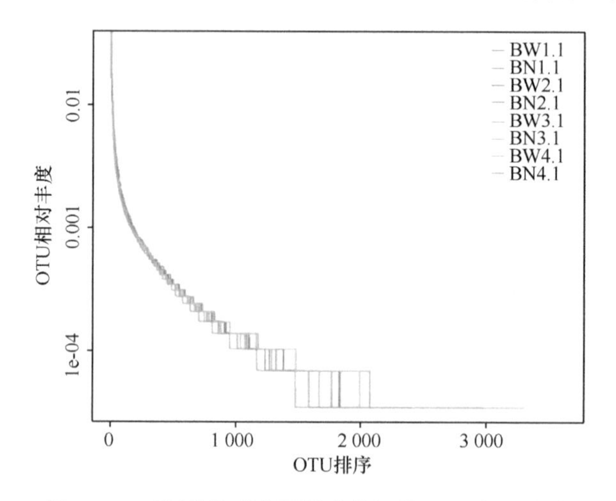

图 5-18　不同植物群落围栏内外细菌 OTU 相对丰度

5.7.2　不同植物群落 α 多样性组间差异分析

细菌群落 α 多样性高低使用 Shannon 指数表示，Shannon 指数越大，说明群落多样性越高。由图 5-19 可以看出，四种群落间围栏外蒙古冰草群落 α 多样性最高，其后依次是短花针茅群落、胡枝子群落，苦豆子群落最低；围栏内胡枝子群落 α 多样性最高，其后依次是蒙古冰草群落、短花针茅群落，苦豆子群落最低。结果表明，围封显著提高了胡枝子群落和苦豆子群落的土壤细菌群落 α 多样性，同时也降低了蒙古冰草群落和短花针茅群落土壤细菌群落 α 多样性。

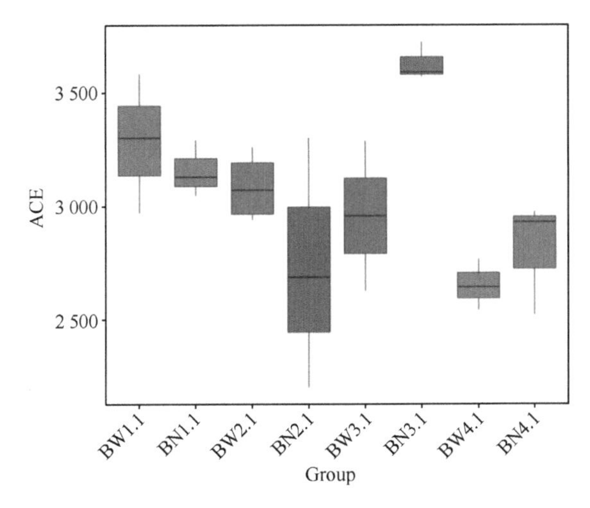

图 5-19　Shannon 指数组间差异箱形图

5.7.3　荒漠草原不同植物群落细菌多样性与环境因子的相关性分析

通过不同植物群落细菌群与主要环境因子的相关性分析（图 5-20），第一排序轴、第二排序轴分别解释了细菌群落多样性变化的 21.16%和 14.94%，第二排序轴对土壤细菌群落变化解释基本一样。分析得出，环境因子与土壤细菌群落分布的相关性程度各不相同，依次表现为：土壤全氮（r=0.4987）、pH（r=0.48）、碱解氮（r=0.47）、碱性磷酸酶（r=0.39）、速效磷（r=0.29）、脲酶（r=0.28）、微生物量碳（r=0.27）、土壤全磷（r=0.26）、蔗糖酶（r=0.17）、有机碳（r=0.15）、

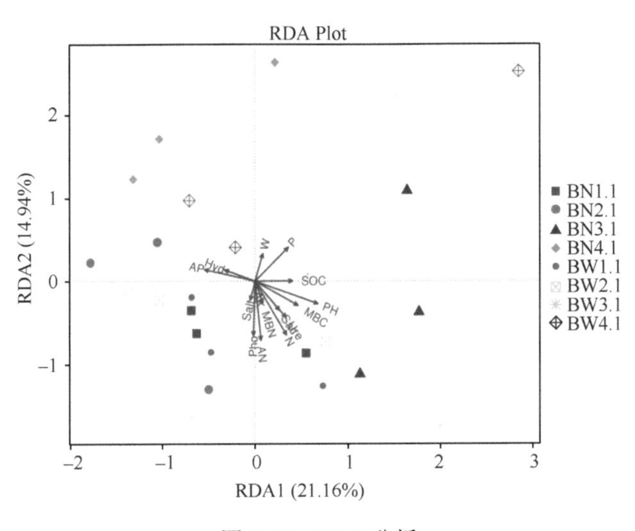

图 5-20　RDA 分析

过氧化氢酶（r=0.11）、蔗糖酶（r=0.17）、含水量（r=0.10）、微生物量氮（r=0.07）、全盐（r=0.05）、速效钾（r=0.03），结果表明了土壤全氮、pH、碱解氮、碱性磷酸酶、速效磷、脲酶、微生物量碳和微生物量氮对荒漠草原四种植物群落土壤细菌群落多样性的变化起着重要作用。

5.8 围封对荒漠草原不同植物群落古菌物种分布的影响

由高通量测序的物种相对丰度图（图 5-21）可知，四种植物群落有 10 个相同的优势微生物类群，依次为奇古菌门（Thaumarchaeota）、拟杆菌门（Bacteroidetes）、装甲菌门（Armatimonadetes）、广古菌门（Euryarchaeota）、变形菌门（Proteobacteria）、放线菌门（Actinobacteria）、酸杆菌门（Acidobacteria）、芽单胞菌门（Gemmatimonadetes）、绿弯菌门（Chloroflexi）、浮霉菌门（Planctomycetes），不同门水平的微生物在四种不用植物群落围栏内外总量各不相同。奇古菌、拟杆菌门和装甲菌门在蒙古冰草群落围栏外依次占 65.48%、29.78%、2.89%，围栏内依次占 75.03%、18.37%、4.72%；短花针茅群落围栏外依次占 67.92%、27.30%、3.06%，围栏内依次占 71.64%、20.23%、6.12%；胡枝子群落围栏外依次占 69.70%、24.24%、3.73%，围栏内依次占 78.15%、14.47%、4.90%；苦豆子群落围栏外依次占 56.85%、37.99%、1.64%，围栏内依次占 57.19%、31.77%、4.86%；四种植物群落奇古菌门和装甲菌门的相对丰度，围栏内显著高于围栏外，拟杆菌则相反。结果表明，围封显著增加了四种植物群落优势菌奇古菌门的相对丰度，降低了

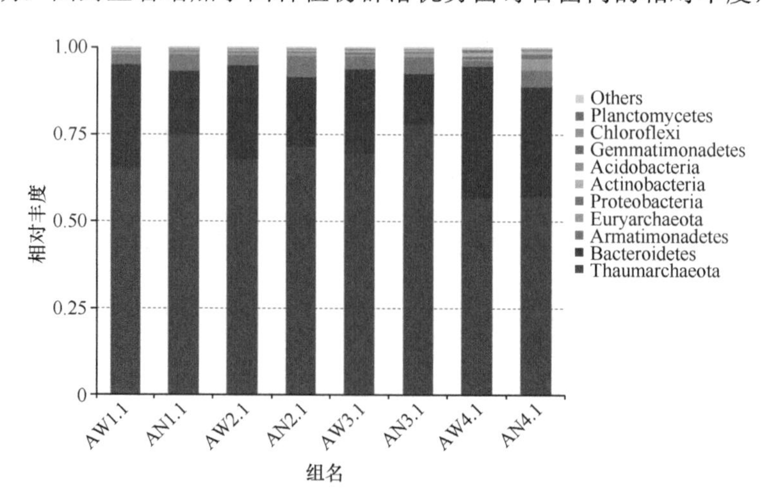

图 5-21 围封与放牧条件下不同植物群落土壤古菌的相对丰度

A 表示古菌；W1 表示蒙古冰草群落围栏外样地、N1 表示围栏内样地；W2 表示短花针茅群落围栏外样地、N2 表示围封内样地；W3 表示胡枝子群落围栏外样地、N3 表示围栏内样地；W4 表示苦豆子群落围栏外样地、N4 表示围栏内样地。下同

四种植物群落优势菌拟杆菌门的相对丰度，四种植物群落间古菌群优势菌丰度差异明显，奇古菌不同群落间表现出胡枝子群落最高，其后依次是蒙古冰草群落、短花针茅群落，苦豆子群落最低。

分析荒漠草原四种植物群落围封区与放牧区古菌群聚集情况（图 5-22），分别表现为：围栏内短花针茅群落古菌群落主要聚集了放线菌门（Actinobacteria），苦豆子群落主要聚集了大量的变形菌门（Proteobacteria）和拟杆菌门（Bacteroidetes）；围栏外蒙古冰草群落古菌群落主要聚集了奇古菌门（Thaumarchaeota），短花针茅群落主要聚集了拟杆菌门（Bacteroidetes），胡枝子群落主要聚集了放线菌门（Actinobacteria）和变形菌门（Proteobacteria），苦豆子群落主要聚集了放线菌门（Actinobacteria）、厚壁菌门（Firmicutes）、硝化螺旋菌门（Nitrospira）、变形菌门（Proteobacteria）。比较四种植物群落古菌群组成，苦豆子群落围栏内外古菌群组成变化最大，即围栏内显著低于围栏外，胡子群落也有同样的变化，蒙古冰草群落和短花针茅群落围栏内外无明显变化。结果表明，围封显著降低了苦豆子群落、胡枝子群落古菌群落组成。

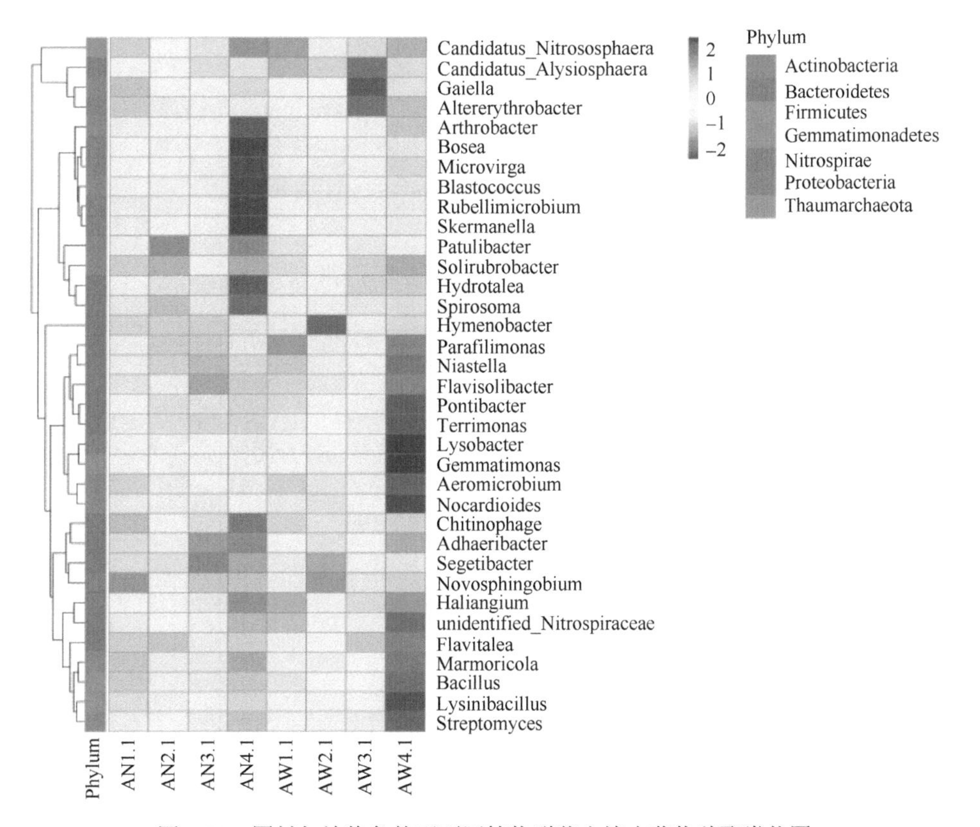

图 5-22　围封与放牧条件下不同植物群落土壤古菌物种聚类热图

5.9 围封对荒漠草原不同植物群落土壤古菌群多样性的影响

5.9.1 围封区与放牧区四种植物群落土壤古菌测序数据合理性及均匀度分析

由图 5-23 可以看出，所有土壤样品的稀释已达平台期，表明 16S 测序结果数据量足够反映土壤样品的古菌群落。图 5-24 直观地反映了围封对不同植物群落

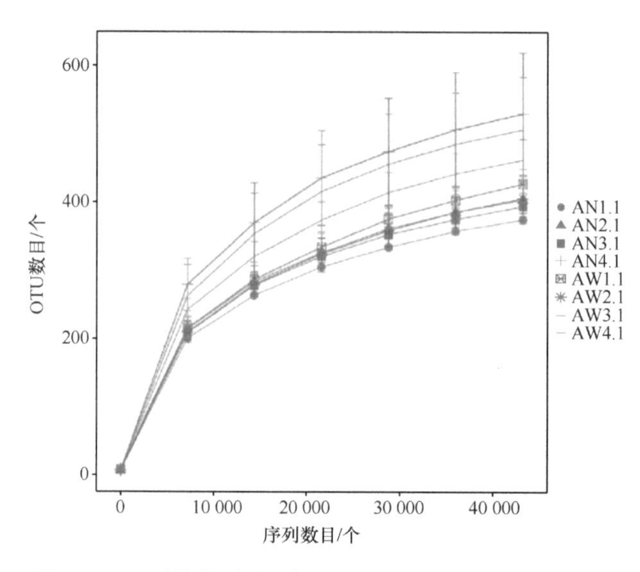

图 5-23 四种植物群落围栏内外土壤样品中古菌稀释曲线

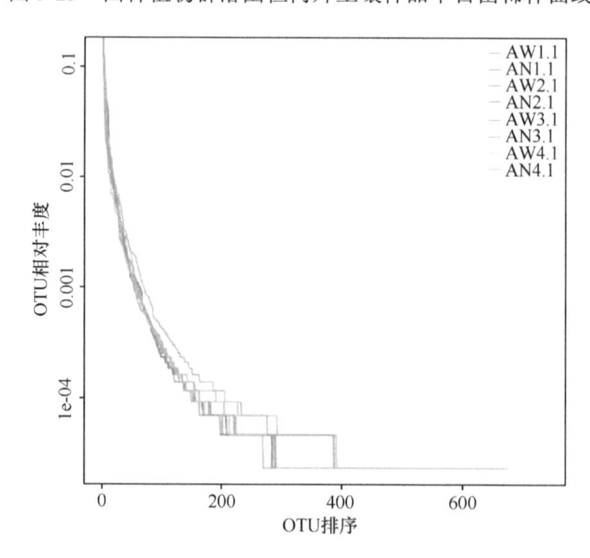

图 5-24 不同植物群落围栏内外土壤古菌相对丰度

古菌的丰富度和均匀度，即水平方向四种植物群落古菌群丰富度围栏内显著高于围栏外，苦豆子群落最明显；均匀度则相反。不同群落间古菌群丰富度表现为苦豆子群落最高，其后是胡枝子群落，蒙古冰草群落和短花针茅群落变化最小且不显著。结果表明，围封显著增加了苦豆子群落古菌群的丰富度。

5.9.2　不同植物群落土壤古菌群 α 多样性指数组间差异分析

由图 5-25 可以看出，围栏外四种植物群落间古菌群 α 多样性以苦豆子群落最高，其后依次是蒙古冰草群落、短花针茅群落，胡枝子群落最低；围栏内苦豆子群落最高，其后依次是胡枝子群落、短花针茅群落，蒙古冰草群落最低；四种植物群落古菌群 α 多样性均表现为围栏内显著低于围栏外，结果表明围封显著降低了土壤古菌群 α 多样性。

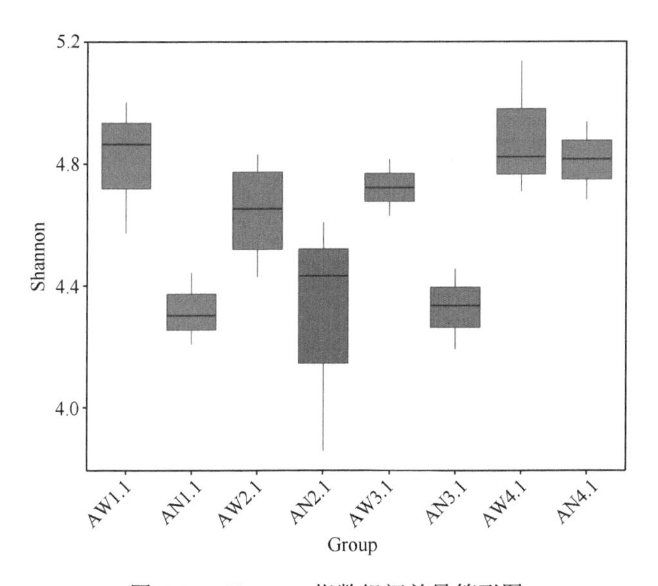

图 5-25　Shannon 指数组间差异箱形图

5.10　围封对四种植物群落土壤古菌群结构的影响

第一排序轴与第二排序轴古菌群组成贡献率分别为 16.16%和 10.25%，第一排序轴的贡献率相对较高。PCA 分析四种植物群落围栏内外古菌群结构变化（图 5-26），由图可知，苦豆子群落围栏内外古菌群分散在第一排序轴（1、4 象限）两侧距离较远，且围栏外变化最大，说明围封抑制了其古菌群结构组成；蒙古冰草群落、短花针茅群落、胡枝子群落围栏内基本在第一排序轴上，放牧区靠近第二排序轴，且围栏内外古菌群组成变化不显著。结果表明，苦豆子群落古菌群结构变化与其他三种植物群落围栏内外均差异最大，苦豆子群落古菌群结构与其他三种植物群落相似性最低，其他三种群落土壤古菌群结构变化不明显。

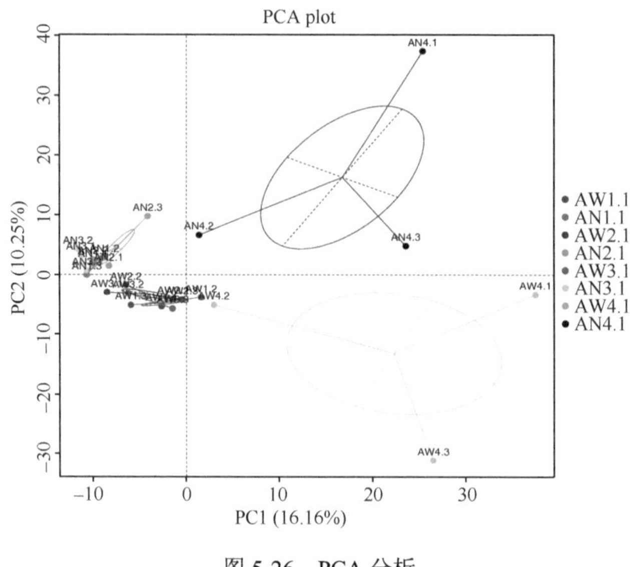

图 5-26　PCA 分析

5.11　总　　结

围封作为一种草地管理手段，对土壤养分积累起着积极作用。本研究得出围封对荒漠草原这四种植物群落土壤养分的影响有显著差异，说明在同一围封条件下，土壤养分的变化在不同植物间存在明显差异。例如，围封显著增加了短花针茅群落土壤有机质含量，蒙古冰草群落、胡枝子群落、苦豆子群落则相反，围封降低了土壤有机质含量[1, 2]，主要是由于围封改变了地上植物群落组成和减少了牧草产量，也就潜在地使有机质含量的积累减小[3, 4]。四种植物群落土壤全氮含量均表现为围栏内显著低于围栏外，说明围封降低了土壤氮素含量，放牧干扰增加了土壤氮素含量[5, 6]，同时也说明适度的干扰加速了枯落物分解，因此有利于土壤的氮循环[7]。家畜在草地上排泄粪尿也是土壤中氮素的重要来源，而且随着放牧次数增加，影响逐渐增大，因而围栏内氮素始终低于围栏外[6-8]；不同群落间土壤全氮含量胡枝子群落>短花针茅群落>蒙古冰草群落>苦豆子群落。围封显著增加了四种植物群落的土壤全磷含量，这可能是由于围封使土壤磷元素输出降低，地上植被的归还量上升，植被根系固定磷的作用减弱，加速了土壤磷元素的积累。对内蒙古半干旱沙化草地研究表明，围封草地与自由放牧草地相比，土壤全磷含量显著上升，是由于不同成土作用、不同土壤类型、不同气候、不同水文类型、不同植被类型、不同放牧历史和强度不同等造成的[9]；不同群落间土壤全磷含量为胡枝子群落>蒙古冰草群落>短花针茅群落>苦豆子群落。围封增加了蒙古冰草群落和短花针茅群落速效磷含量，而胡枝子群落和苦豆子群落则相反；不同群落间土壤速效磷含量为蒙古冰草群落>短花针茅群落>苦豆子群落>胡枝子群落。围封显著降低了蒙古冰草群落、苦豆子群落和短花针茅群落速效钾含量，对胡枝子群落没有影响。围封显著降低了苦豆子群落碱解氮含量，对蒙古冰草群落、短花针茅群落和胡枝子群落没有显著影响。

围封显著降低了蒙古冰草群落全盐含量，对短花针茅群落、胡枝子群落和苦豆子群落没有显著影响；围封促进了胡枝子群落和苦豆子群落土壤含水量，说明围封使土壤表面硬度减小，土壤孔隙增大，渗透阻力也随之减小，土壤裸露的表面积小蒸发量也就小，蒙古冰草群落和短花针茅群落土壤含水量则相反，可能原因是轻度放牧干扰使土壤含水量反而增加。围封样地不同植物群落之间土壤 pH 差异均无明显差异，说明由于土壤的缓冲特性，其酸碱度总体上保持稳定。

大量研究表明，土壤酶活性对于各种土壤管理措施反应敏感，能够在较短的时间内鉴别管理措施的利弊。土壤脲酶直接参与土壤含氮有机化合物的转化，土壤碱性磷酸酶促进有机磷化合物的分解，两者的活性分别表征土壤的氮素和磷素供应状况，与土壤肥力有关[10, 11]。本研究中，从 4 种不同植物类型土壤酶活性围栏内外的比较得出，围栏封育可以有效地提高短花针茅群落、苦豆子群落土壤碱性磷酸酶活性，蒙古冰草群落、短花针茅群落、胡枝子群落蔗糖酶活性，短花针茅脲酶活性，蒙古冰草群落过氧化氢酶活性；抑制蒙古冰草群落碱性磷酸酶、脲酶、蔗糖酶以及短花针茅群落过氧化酶活性。围封对不同草地类型中土壤酶活性的影响有所差异，可能与植物种类有关，也可能与土壤本身的质地等因素有关，植物种类组成不同，枯落物的质量不同，适合微生物生长的营养源也不同，从而造成微生物的种类和组成不同，引起土壤酶活性上的差异。总之，围封显著影响了荒漠草原不同植物群落土壤酶活性。

本研究中，蒙古冰草群落和短花针茅群落土壤微生物生物量碳、短花针茅群落和胡枝子土壤微生物生物量氮含量均为围栏内高于围栏外；蒙古冰草群落则相反；苦豆子群落围栏内外无差异。可见围栏封育不仅可以有效提高土壤肥力，而且也有效地提高了微生物量碳、氮的含量，放牧干扰破坏了土壤稳定结构，使土壤微生物含量降低。牲畜践踏改变了土壤的紧实度，使土壤孔隙度和水稳性团聚体减少，引起透水性、透气性和水导率下降，土壤微环境改变，土壤微生物的繁殖代谢受到强烈的干扰，微生物含量下降，而围封措施会使微生物量增加。

荒漠草原不同植物群落土壤酶活性与土壤主要养分间相关性分析表明，土壤酶活性与土壤养分具有不同程度的密切关系，四种植物群落全氮、速效钾、有机质、全磷、速效磷都是影响土壤酶活性的重要因素。荒漠草原不同植物群落土壤酶活性与土壤养分的相关性有差异，原因可能是不同土壤酶活性与土壤肥力因子间的相互作用机制共同影响并决定着土壤有机物质的转化过程、转化效率和土壤肥力。

微生物群落敏感地反映着土壤生物活性和土壤环境的质量变化。本研究通过高通量测序对荒漠草原蒙古冰草群落、短花针茅群落、胡枝子群落、苦豆子群落围栏内外土壤细菌群多样性分析得出，围封显著增加了荒漠草原四种植物群落土壤细菌群的丰富度，尤其是苦豆子群落最为明显，说明围封增加了植物多样性、凋落物的累积和植物根系分泌物，促进了土壤养分的增加，因此促进了土壤微生物的丰富度，说明围封促进了土壤环境稳定性。

土壤细菌群落通常分为三大类群，即优势菌群、常见菌群和稀有菌群。本研究中，根据细菌门水平相对丰度，宁夏荒漠草原的四种植物群落土壤细菌优势菌群围栏内外均为变形菌门、放线菌门和酸杆菌门，其中变形菌门丰度最高，其后依次是放线菌门和酸杆菌门。这与韩亚飞等、Zhang 等的研究和 McCaig 对英国草原土壤微生物群落结构的研究结果相符[12, 13]，反映出宁夏荒漠草原生态系统生态系统中土壤细菌群中变形菌门呈绝对优势，不同群落间有差异，说明不同草原类型土壤中的微生物群落结构组成有差异。聚类分析结果表明，围封显著改变了宁夏荒漠草原四种植物群落土壤细菌群落组成。四种群落间围栏外蒙古冰草群落 α 多样性最高，其后依次是短花针茅群落、胡枝子群落，苦豆子群落最低；围封降低了蒙古冰草群落和短花针茅群落土壤细菌群 α 多样性，明显促进了胡枝子群落和苦豆子群落的土壤细菌群 α 多样性。

古菌曾被认为具有嗜极端环境的特征，随着近十几年来分子生物学技术的发展，越来越多的研究表明，古菌也广泛存在于非极端环境中，如冷泉[14]、湖泊[15]、海洋[16]和土壤[17]等。本研究中奇古菌类群是地球上分布最广泛、数量最多的一类微生物[18]。

按照门水平的土壤古菌群在四种不用植物群落围栏内外相对丰度，将其分为优势菌群、常见菌群和稀有菌群。本研究中，门水平上土壤古菌群落依次为奇古菌门、拟杆菌、装甲菌门、广古菌门、变形菌门、放线菌门、酸杆菌门、芽单胞菌门、绿弯菌门、浮霉菌门。各样地土壤古菌以奇古菌门、拟杆菌门和装甲菌门为优势类群，不同植物群落土壤古菌群所占比例各不相同，奇古菌门占 56.85%～78.12%，拟杆菌门占 14.47%～37.99%，装甲菌门占 2.88%～4.91%，其中奇古菌相对丰度显著高于拟杆菌和装甲菌，说明宁夏荒漠草原蒙古冰草群落、短花针茅群落、胡枝子群落和苦豆子群落土壤古菌群落主要优势类群为奇古菌门。围栏封育后显著增加了四种植物群落土壤优势类群奇古菌门和装甲菌门的丰度，显著降低了拟杆菌门的丰度。由奇古菌门的遗传特征和生态功能，可推断出围封显著提高了生态系统的消化作用[19-22]，促进了 C、N 元素循环[18]。古菌不同群落间表现为胡枝子群落最高，其后依次是蒙古冰草群落、短花针茅群落，苦豆子群落最低。围封禁牧显著降低了四种植物群落古菌群 α 多样性，降低了苦豆子群落和胡枝子群落古菌群落组成，同时也改变了土壤古菌群的结构组成，苦豆子群落变化最显著，蒙古冰草群落、短花针茅群落和胡枝子群落变化不显著。

分析不同群落土壤古菌与环境因子的关系，进一步得出各样地土壤古菌类群的影响因子。本研究中，土壤速效钾、碱解氮、微生物量碳、碱性磷酸酶、脲酶、全氮和全磷对研究区各植物群落古菌群多样性的变化起着重要作用，且环境因子对不同植物群落土壤古菌群围栏内外的相关性影响各不相同，微生物量碳、碱性磷酸酶和碱解氮、脲酶和全氮与蒙古冰草群落和短花针茅群落围栏内呈显著正相关；速效钾、含水量、全磷与蒙古冰草群落和短花针茅群落围栏内呈显著负相关，与蒙古冰草群落、胡枝子群落和短花针茅群落围栏外呈显著正相关；结果表明，土壤速效钾、碱解氮、微生物量碳、碱性磷酸酶、脲酶、全氮和全磷与蒙古冰草群落、短花针茅群落和胡枝子群落围栏内外有显著的相关关系，但与苦豆子群落土壤古菌围栏内没有显著的相关关系。四种植物群落古菌群多样性与主要环境因子（土壤碱解氮、碱性磷酸酶、全氮、速效钾）均与第一排序轴高度相关，第一排序轴解释达 73.59%；说明土壤碱解氮、碱性磷酸酶、全氮、速效钾是影响土壤古菌群多样性的主要环境因子。不同群落古菌群与主要环境因子相关性各不相同，蒙古冰草群落、短花针茅群落和胡枝子群落土壤古菌群围栏内与围栏外均高度相关；苦豆子群落土壤古菌群围栏外与环境因子高度相关，但与其围栏内没有相关性。

参考文献

[1] Wienhold B J, Hendrickson J R, Karn J F. Pasture management influences on soil propertiesin the Northern Great Plains[J]. Journal of Soil and Water Conservation, 2001, 56(1): 27-31.

[2] Schuman G E, Reeder J D, Manley J T, et al. Impact of grazing managementon the carbon and nitrogen balance of a mixed-grass rangeland[J]. Ecological Applications, 1999, 9(1): 65-71.

[3] Conant R T, Paustian K. Potential soil sequestrationin over grazed grassland ecosystems[J]. Global Biogeochemical Cycles, 2002, 16(4): 1143-1151.

[4] Reeder J D, Schuman G E. Influence of livestock grazing on C sequestration in semi-arid mixedgrass and short-grass rangelands[J]. Environmental Pollution, 2002, 116: 457-463.

[5] 裴海昆. 不同放牧强度对土壤养分及质地的影响[J]. 青海大学学报(自然科学版), 2004, 22(4): 29-31.

[6] 贾树海, 崔学明, 李绍良, 等. 牧压梯度上土壤理化性质的变化[M]. 见: 西北高原生物研究所编. 草原生态系统研究(第五集). 北京: 科学出版社, 1997: 251-253.

[7] Unkovich M, Sanford P, Pate J, et al. Effects of grazing on plant and soil nitrogen relations of pasture-croprotations[J]. Australian Journal of Agricultural Research, 1998, 49(3): 475-486.

[8] Frank D A, Evans R D. Effects of native grazerson grassland cycling in Yellowstone National

Park[J]. Ecology, 1997, 78(7): 2238-2248.

[9] 戎郁萍, 韩建国, 王培, 等. 放牧强度对草地土壤理化性质的影响[J]. 中国草地, 2001, 23(4): 41-47.

[10] Su Y Z, Zhao H L, Zhang T H, et al. Soil properties following cultivation andnon-grazingof a semi-arid sandy grassland in northern China[J]. Soil Tillage Res, 2004, 75: 27-36.

[11] 赵吉, 刘萍, 邵玉琴, 等. 人为因素对草原土壤微生物和生物活性的影响[J]. 蒙古大学学报(自然科学版), 1996, 27(4): 568-572.

[12] 韩亚飞, 伊文慧, 土文波, 等. 基于高通量测序技术的连作杨树人工林土壤细菌多样性研究[J]. 山东大学学报(理学版), 2014, 49(5): 1-6.

[13] Zhang T, Shao M F, Ye L. 454 Pyrosequencing reveals bacterial diversity of activated sludge from 14 sewage treatment plants[J]. The ISME Journal, 2012, 6(6): 1137-1147.

[14] 曾军, 杨红梅, 吴江超, 等. 新疆冷泉沉积物中免培养古菌多样性初步研究田[J]. 微生物学报, 2010, 50(5): 574-579.

[15] 崔恒林, 杨勇, 迪拜尔 •托乎提, 等. 新疆两盐湖可培养嗜盐古菌多样性研究田[J]. 微生物学报, 2006, 46(2): 171-176.

[16] Luna G M, Stumm K, Pusceddu A, et al. Archaeal diversity in deep-sea sediments estimated by means of different terminal-restriction fragment length polymorphisms (T-RFLP) protocols[J]. Current Microbiology, 2009, 59: 356-361.

[17] 徐赢华, 张涛, 李智, 等. 灌木林土壤古菌群落结构对地表野火的快速响应田[J]. 生态学报, 2010, 30(24): 6804-6 811.

[18] 张丽梅, 贺纪正. 一个新的古菌类群——奇古菌门(Thaumarchaeota)[J]. 微生物学报, 2012, (4): 411-421.

[19] Tourna M, FreiLag T E, Nieol G W, et al. Growth, activity and temperature responses of ammoniaxidizinggarchaea and bacteria in soil microcosms[J]. Environmental Microbiology, 2008, 10: 1357-1364.

[20] Offre P, Prosser J I, Nicol G W. Growth of ammonia-oxidizing archaea in soil microcosms is inhibited by *acetylene*[J]. FEMS Microbiology Ecology, 2009, 70: 99-108.

[21] Zhang L M, Offre P R, He J Z, et al. Autotrophic ammonia oxidation by soilthaumarchaea[J]. Proceedings of the National Academy of Sciences of the United States of America, 2010, 107: 17240-17245.

[22] He J Z, Shen J P, Zhang L M, et al. Quantitative analyses of the abundance andcomposition of ammonia-oxidizing bacteria and ammonia-oxidizing archaea of a Chinese upland red soil underlong-term fertilization practices[J]. Environmental Microbiology, 2007, 9: 2364-2374.

第 6 章　荒漠草原柠条林土壤化学计量特征

生态化学计量学综合了生态学和化学计量学的基本原理，探究、分析生态系统多种元素的循环与平衡[1-3]，是研究 C、N、P 等元素在生态系统中的耦合关系的综合方法[4-6]，近年来成为生态学研究的重要手段。生态化学计量学能够在区域尺度揭示植物化学计量学分布格局及其驱动因素[6-9]，对土壤中养分的可获性、有效性，以及 C、N、P 养分的循环及平衡机制的研究至关重要[5, 10, 11]。目前关于土壤化学计量学特征的研究大部分集中于草地、森林[4, 10, 7, 12, 13]，西北干旱和半干旱的荒漠草原在人工引入灌木林后，其土壤化学计量学特征尚不清楚，从土壤化学计量学角度揭示人工灌草结合的生态系统土壤内部 C、N、P 平衡和循环过程[6, 9]，能为我国荒漠草地生态系统土壤 C、N、P 区域性变化、平衡和循环研究提供基础数据。

宁夏东部荒漠草原是我国典型的生态脆弱区，柠条锦鸡儿（*Caragana korshinskii*）因蒸腾速率低、抗逆性和适应性强等特点已经被广泛用于遏制草地退化[14, 15]，引入柠条灌丛后可以提高土壤养分[16]。许多学者对荒漠草原区柠条灌丛的土壤水分、土壤演变规律及不同生长年限的养分特征等进行了深入研究[14, 16-18]。蒋齐等[19]以土壤结构、水分、养分、植被等作为评价指标，指出干旱风沙区人工柠条林营造的适宜密度为 1665 丛/hm^2 或 2490 丛/ hm^2，但柠条灌丛的不同造林模式会影响到土壤养分和化学计量特征[12]，目前尚未见到不同造林模式下柠条灌丛土壤化学计量的相关报告。因此，本试验以封育状态下荒漠草原相同立地条件的人工柠条灌丛为研究对象，系统开展不同密度柠条灌丛的土壤化学计量特征研究，对揭示荒漠草原区土壤 C、N、P 平衡和循环，预测土壤有机质分解速率、养分限制性等有着重要意义[11, 20, 21]。

6.1　研究区自然概况

研究区位于毛乌素沙地南缘的盐池县典型荒漠草原区，属于中温带半干旱区、欧亚草原区、中部草原区的过渡地带，是典型的鄂尔多斯台地。该地区具有毛乌素沙地的典型气候特征，属于温带大陆性季风气候，年平均气温 7.6℃，年积温 2944.9℃，无霜期 138 d，干燥度 3.1，年均风速 2.8 m/s，每年 5 m/s 以上的扬沙达 323 次，年平均降水量为 180～300 mm，主要集中 7～9 月，约占全年的 60%以上，年蒸发量为 1221.9～2086.5 mm。该区土壤类型主要是沙化灰钙土，土壤质地多为轻壤土、沙壤土和风沙土，结构松散，肥力较低。

研究区有人工柠条林地大约 20 万亩，人工柠条灌丛的带间距分别为 1.5 m（高密度，HD）、3 m（中密度，MD）、6 m（低密度，LD）三种模式，对应种植密度为 4530 丛/hm^2、3670 丛/hm^2、2560 丛/hm^2。与柠条灌丛伴生的物种为中亚白草（*Pennisetum centrasiaticum*）、蒙古冰草（*Agropyron mongolicun*）、短花针茅（*Stipa breviflora.*）、猪毛蒿（*Artemisia scoparia*）、细叶山苦荬（*Ixeris gracilis*）、二裂委陵菜（*Potentilla bifurca*）、阿尔泰狗娃花（*Heteropappus altaicus*）、叉枝鸦葱（*Scorzonera divaricata*）等。

6.2 不同深度土层有机碳、全氮和全磷含量特征

如表 6-1 所示，四种样地有机碳（SOC）垂直分布规律均表现为先上升后下降的趋势；MD 和 LD 柠条灌丛 SOC 最高值在 40～60 cm 土层，CK 和 HD 柠条灌丛 SOC 最高值在 20～40 cm 土层，四种样地 SOC 值均在 80～100 cm 土层最低，HD 柠条灌丛表层 SOC 含量受枯落物影响较大，出现明显的“表聚性”，受根系垂直分布的影响，随土层深度的增加 SOC 下降趋势也逐渐减小；0～40 cm 土层 SOC 含量由大到小依次为 HD>MD>LD；40～60 cm 土层 SOC 含量由大到小依次为 LD>MD> HD>CK；10～20 cm 土层中草地（CK）的 SOC 明显高于三种柠条灌丛，40 cm 土层以下三种柠条灌丛 SOC 均明显高于草地，初步表明了柠条灌丛对 SOC 含量增加效应集中在 40 cm 土层以下，而 0～20 cm 土层柠条灌丛并没有出现增加效应。

表 6-1　不同深度土层 SOC 含量比较

项目	土层深度/cm					
	0～10	10～20	20～40	40～60	60～80	80～100
HD	4.79±1.14 a	4.78±0.46 ab	6.00±0.43 a	4.52±0.12 b	4.21±0.80 a	3.76±0.99 a
MD	3.85±0.22 a	4.16±0.30 bc	5.69±0.96 b	5.95±0.54 a	4.83±1.05 a	3.24±0.35 ab
LD	2.84±0.68 c	3.85±0.10 bc	6.32±0.22 a	6.71±1.23 a	4.56±0.86 a	2.81±0.30 ab
CK	3.76±0.98 b	5.34±0.60 a	5.84±0.53 a	3.47±0.12 c	3.25±0.56 b	2.54±0.43 b

注：同列不同小写字母表示差异显著（$P<0.05$）。下同。

由表 6-2 和表 6-3 可知，随土层深度的增加，四种样地 0～100cm 土层全氮（TN）、全磷（TP）含量逐渐降低，均以表层含量最高、80～100cm 土层含量最低，并在 0～40 cm 土层锐减，40～100cm 土层缓慢降低并逐步趋于稳定。三种不同密度的柠条灌丛 TN、TP 含量差异并不显著，但均高于草地对照；相同土层 TN、TP 含量均表现为 HD>MD>LD>CK，局部出现波动性。

表 6-2　不同深度土层 TN 含量比较

项目	土层深度/cm					
	0～10	10～20	20～40	40～60	60～80	80～100
HD	0.83±0.15 a	0.72±0.19 a	0.62±0.07 a	0.54±0.18 a	0.50±0.10 a	0.30±0.17 a
MD	0.71±0.12 ab	0.64±0.23 a	0.60±0.15 a	0.56±0.07 a	0.44±0.13 a	0.29±0.11 a
LD	0.62±0.09 ab	0.56±0.20 ab	0.46±0.09 b	0.36±0.12 b	0.29±0.06 b	0.22±0.08 ab
CK	0.50±0.03 b	0.42±0.08 b	0.37±0.04 b	0.28±0.16 c	0.21±0.08 b	0.20±0.04 b

表 6-3　不同深度土层 TP 含量比较

项目	土层深度/cm					
	0～10	10～20	20～40	40～60	60～80	80～100
HD	0.59±0.19 a	0.57±0.21 a	0.49±0.17 a	0.48±0.10 a	0.43±0.09 a	0.41±0.08 a
MD	0.55±0.09 ab	0.54±0.16 a	0.45±0.15 a	0.45±0.16 ab	0.43±0.12 a	0.39±0.12 a
LD	0.50±0.10 ab	0.45±0.13 b	0.47±0.09 a	0.44±0.06 ab	0.43±0.06 a	0.40±0.07 a
CK	0.44±0.12 b	0.43±0.08 b	0.40±0.07 a	0.37±0.04 b	0.35±0.03 a	0.34±0.04 a

6.3　不同密度柠条灌丛 0～100cm 土层平均有机碳、全氮和全磷含量比较

从表 6-4 可以看出，随密度的变化，柠条灌丛土壤中的 C、N、P 含量具有一定的差异，四种样地 TP 含量均达显著差异水平（P<0.05），HD 和 MD 柠条灌丛土壤 SOC、TN 含量差异并不显著，但与 LD 柠条灌丛和 CK 达到显著差异（P<0.05）；四种样地土壤 SOC、TN 和 TP 均呈表现出 HD>MD>LD>CK。与对照相比，柠条灌丛在密度增加的过程中，土壤 SOC 含量分别增加了 15.88%、14.39%、12.41%；TN 含量分别增加了 28.2%、17.02%、15.38%；TP 含量分别增加了 73.53%、58.82%、23.53%。

表 6-4　四种样地土壤 SOC、TN 和 TP 含量比较

项目	SOC/（$g\cdot kg^{-1}$）	TN/（$mg\cdot kg^{-1}$）	TP/（$mg\cdot kg^{-1}$）	C∶N	C∶P	N∶P
HD	4.67±1.13 a	0.50±0.08 a	0.59±0.19 a	8.69±2.70 b	9.48±1.84 b	1.16±0.25 a
MD	4.61±1.14 a	0.47±0.07 a	0.54±0.15 b	9.04±2.36 b	10.03±2.74 a	1.14±0.24 a
LD	4.53±1.68 b	0.45±0.05 b	0.42±0.16 c	12.23±5.09 a	10.14±3.53 a	0.92±0.29 b
CK	4.03±1.17 c	0.39±0.04 c	0.34±0.12 d	12.91±3.06 a	10.21±2.72 a	0.82±0.23 c

随柠条灌丛密度的增加，土壤 C∶N、N∶P 和 C∶P 均呈现出规律性的变化（表 6-4），三种柠条灌丛 0～100cm 土层 C∶N、C∶P 逐渐降低，且均低于对照；N∶P 随柠条灌丛密度的增加而逐渐增加，且均高于对照；HD 柠条灌丛 C∶N、C∶P 和 N∶P 均与对照达到显著差异水平（$P<0.05$），四种样地 N∶P 表现出 HD>MD>LD>CK 规律，C∶N 和 C∶P 表现出 HD<MD<LD<CK 规律；与对照相比，由 LD 到 HD 柠条灌丛，C∶N 和 C∶P 含量分别降低了 5.27%、29.98%、32.68% 和 0.69%、1.76%、7.15%，N∶P 分别增加了 12.20%、39.02%、41.46%，随密度的增加其降低幅度逐渐减小并趋于平稳，以 HD 柠条灌丛 C∶N 变化幅度较为明显，对密度的变化表现较为敏感；三种柠条灌丛 C∶N、C∶P 和 N∶P 的变异系数分别为 20.17%、33.33%、26.53%。

6.4 不同深度土层化学计量比

图 6-1 显示了四种样地在不同土层土壤化学计量比，由图 6-1 可知，垂直方向随土层深度的增加，HD 和 MD 柠条灌丛 C∶N 逐渐增加，但增加趋势减小，LD 柠条灌丛 C∶N 呈先上升后降低趋势，在 20～40cm 土层最高，40～100cm 土层缓慢降低并趋于平稳，局部有所波动，对照 C∶N 在 20～40cm 和 60～80cm

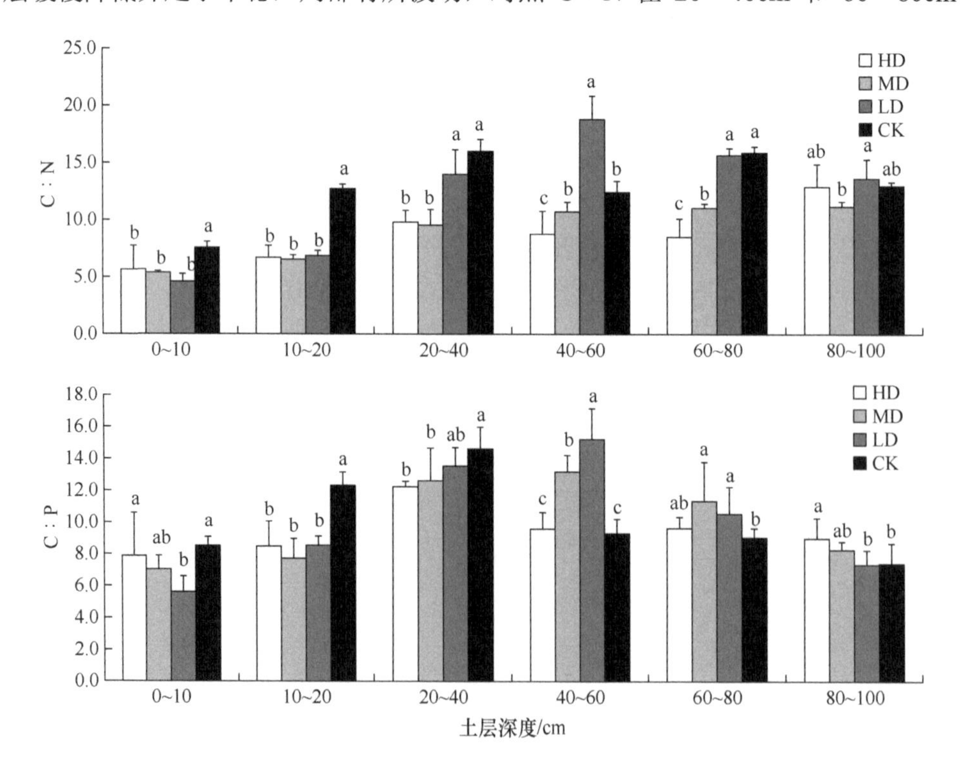

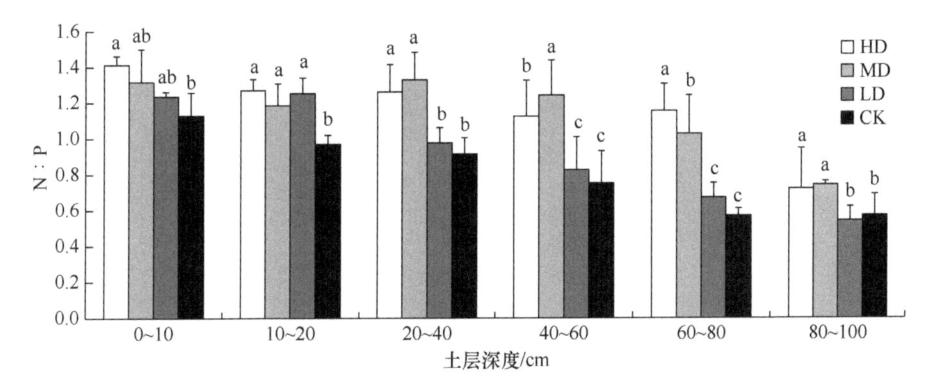

图6-1 四种样地不同土层C、N、P化学计量特征

土层出现两个波峰；CK和HD柠条灌丛C∶P在20～40cm土层达到最大，MD和LD柠条灌丛在40～60cm土层达到最大，最大值以后其降低幅度逐渐减小并趋于平稳，对照C∶P随土层深度呈单峰曲线；随土层深度增加，四种样地N∶P呈降低趋势，在0～40 cm土层缓慢降低并趋于稳定，40cm土层以下锐减。综合来看，随柠条灌丛密度的增加，土壤C、N、P含量也逐渐增加，土壤表层C∶N、C∶P和N∶P呈下降趋势，深层C∶N、C∶P和N∶P降低幅度并不明显。

6.5 柠条灌丛氮、磷含量与C∶N、C∶P的关系

三种不同密度人工柠条灌丛土壤中C、N和P含量作图分析表明（图6-2），

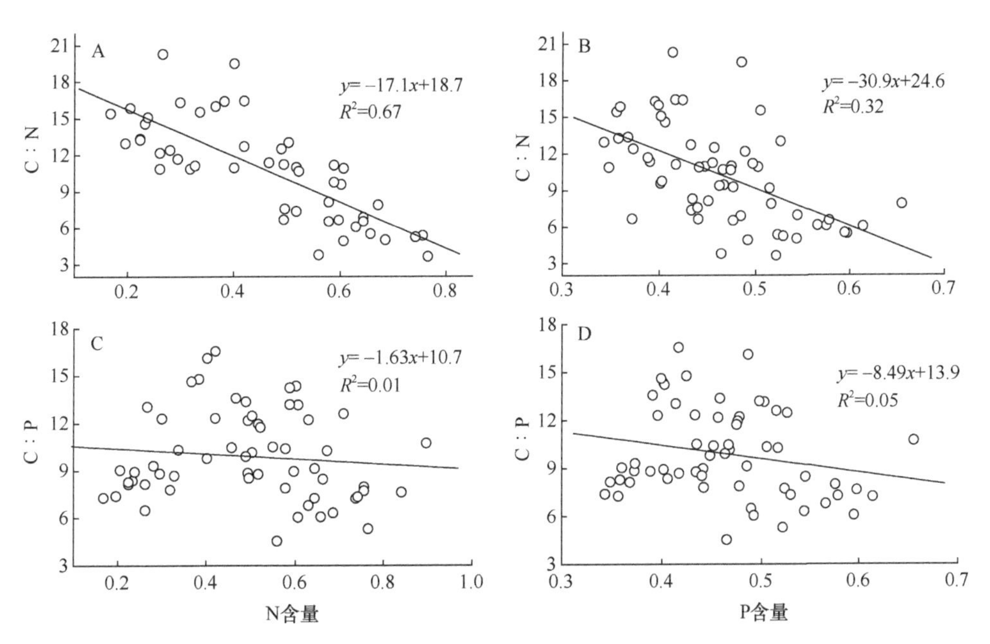

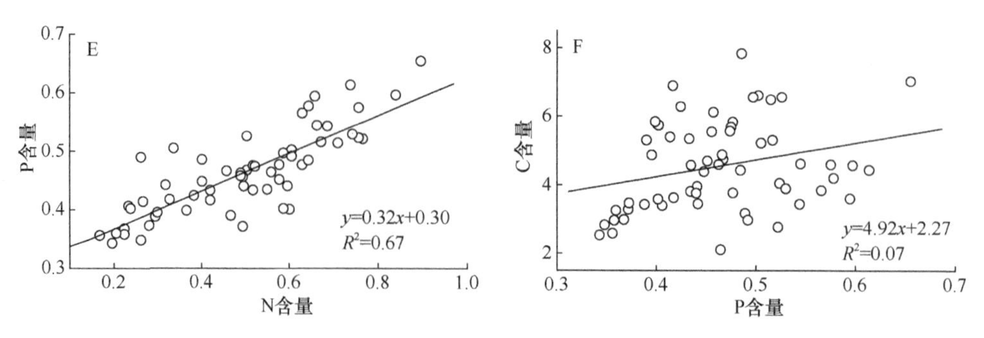

图 6-2 柠条灌丛 N、P 含量与 C∶N、C∶P 的关系

柠条灌丛土壤中 N 和 P 含量与 C∶N 呈显著负相关性（P<0.05），随着 N、P 含量的增加，C∶N 逐渐降低，直线方程能够反映两者之间的关系及变化趋势（图 A 和 B）；而柠条灌丛 N、P 含量与 C∶P 均不呈现显著的线性相关（P>0.05）（图 C 和 D）；相关性分析表明 N 含量与 P 含量呈显著的正线性相关（P<0.05），线性拟合系数 R^2=0.67，而 C 与 P 含量并没有显著的相关关系（P>0.05）（图 E 和 F）。

6.6 柠条灌丛土壤因子与化学计量相关性

由表 6-5 可知，柠条灌丛 C∶N 与 SOC 和电导率呈极显著的正相关（P<0.01），与土壤 TN、TP、容重和土壤含水量呈极显著的负相关（P<0.01），与 pH 没有相关性（P>0.05）；C∶P 与 SOC 呈极显著的正相关（P<0.01），与土壤容重和土壤含水量呈极显著的负相关（P<0.01）；N∶P 与 TN、TP 和土壤含水量呈显著的正相关（P<0.01），与 SOC 呈显著的正相关（P<0.05），与 pH 和电导率呈极显著的负相关（P<0.01），与土壤含水量没有相关性（P>0.05）。综上所述，土壤理化因子和养分各指标对柠条灌丛土壤化学计量贡献均表现出一定的差异性，SOC 和土壤电导率对柠条灌丛土壤 C∶N 贡献为正，TN、TP、容重和土壤含水量对 C∶N 的贡献为负；SOC 对 C∶P 贡献为正，容重和土壤含水量对 C∶P 贡献为负；SOC、TN、TP 和容重对 N∶P 贡献为正，pH 和电导率对 N∶P 贡献为负。

表 6-5 土壤因子与化学计量相关性分析

	SOC	TN	TP	pH	电导率	容重	土壤含水量
C∶N	0.528**	−0.776**	−0.563**	0.217	0.544**	−0.634**	−0.356**
C∶P	0.873**	−0.105	−0.219	−0.070	0.202	−0.450**	−0.660**
N∶P	0.279*	0.922**	0.548**	−0.381**	−0.546**	0.452**	0.069

注：**表示相关性在 0.01 水平上显著，*表示相关性在 0.05 水平上显著。

6.7 总　　结

6.7.1 柠条灌丛垂直方向土壤有机碳、全氮和全磷分布特征分析

结合表 6-1～表 6-3 的数据分析表明，柠条灌丛土壤 SOC、TN 和 TP 在 0～100 cm 土层垂直方向分布规律不相一致，SOC 垂直分布规律呈单峰曲线，而 TN 和 TP 垂直分布规律表现为依次递减。SOC 的垂直分布规律可能是由于根系分布深度及其分泌物不同导致的，柠条灌丛根系入土较深，根系营养吸收大部分来自于处于深层土壤中的有机质[12, 14]，因此 SOC 在其根系分布密集处含量最高并出现峰值，并且不同密度柠条灌丛根系分布的空间异质性[12-14]会直接影响到土壤各层有机质的输入情况，导致不同密度柠条灌丛 SOC 垂直分布可能会出现一定的波动性；而 TN、TP 垂直分布规律随土层深度的增加表现为依次递减，柠条灌丛根系深度及其分泌物并没有显著改变 TN 和 TP 垂直分布特征，说明土壤微生物垂直方向的固氮作用和养分归还效应高于其根系分布及分泌物等的影响[22, 23]，同时也说明了荒漠草原引入柠条灌丛后改变了土壤可利用碳源和氮源微生物群落的垂直分布[24, 25]，从而导致了 SOC 与 TN 和 TP 在土壤垂直方向上的分布规律表现出一定的偏差。

在密度增加的过程中，柠条灌丛 SOC、TN 和 TP 均表现为 HD>MD>LD>CK（表 6-4），柠条灌丛对荒漠草原 SOC、TN 和 TP 含量随密度的增加均有增加作用，这与安韶山等[16]的研究结果一致。综合来看，以 HD 柠条灌丛增加效果最为明显，MD 和 LD 柠条灌丛次之，养分的增加对 TP 的增加效果最为明显，因此，TP 含量对柠条灌丛密度的变化表现较为敏感，而 TP 的变异系数较高（24.03%），从而说明了在密度增加的过程中，TP 比 SOC 和 TN 的空间变异性高，与张向茹等[4]、刘兴华等[11]、朱莲秋等[12]的研究结果相反。由此可以推测：TP 较高的变异系数在一定程度上可能是荒漠草原柠条灌丛对当地气候条件适应的一种结果。磷是一种迁移率很低的沉积性矿物，在整个空间中分布较均匀，不仅来源于枯落物分解，同时根系分泌物对其影响也较大[10, 26, 27]，根系垂直分布和分泌物不同程度干扰了磷的空间分布。相关性分析显示（图 6-2），柠条灌丛 TN 与 TP 呈极显著正相关，SOC 与 TP 没有显著的相关性，表明柠条灌丛对 TP 的增加效应一方面归于枯落物和根系分泌物[10, 26, 27]，另一方面是由于柠条（豆科固氮植物）灌丛根系的生长和固氮作用间接增加了 TP 含量，而这种间接增加作用一定程度上改变了 P 在土壤中的迁移率和空间分布，因此，柠条灌丛土壤磷素的空间变异性较大。此外，气候、降水、温度及土壤母质等环境因子也会对土壤磷素的空间分布产生影响[4, 10]。

6.7.2 柠条灌丛不同土层养分特征分析

柠条灌丛0～100cm土壤中，SOC随土层深度的增加呈先上升后降低的趋势，TN和TP呈降低趋势，二者的空间分布呈一致规律；很多研究证实土壤表层SOC和TN含量较高[4, 10, 12, 13]，荒漠草原地表枯落物是表层土壤SOC和TN的主要来源，因此表层土壤TN和TP相对较高；0～40cm土层TN和TP分别占总含量的61.82%和55.56%，其平均降低的幅度分别为25.30%和16.95%，40cm土层以下缓慢降低并趋于稳定（表6-2和表6-3），这与罗亚勇等[28]对高寒草甸的研究结果一致，初步表明0～40 cm土层TN和TP可作为人工柠条灌丛敏感的土壤养分指标；MD和LD柠条灌丛土壤SOC含量最高值在40～60 cm土层；CK和HD柠条灌丛土壤SOC最高值在20～40 cm土层，主要是由于柠条灌丛地下生物量主要集中于微生物数量较多的20～60cm土层[29, 30]，枯落物中有机质的输入、土壤微生物的分解、地下生物量和根系垂直分布等综合作用造成了这种分布格局[10, 26-30]。

6.7.3 柠条灌丛土壤碳、磷、氮化学计量特征分析

碳氮磷比（C∶N∶P）是土壤有机质或其他成分中碳、氮、磷总质量的比值，是衡量土壤有机质组成和营养平衡的一个重要指标[31, 32]，是确定土壤C、N、P平衡特征的重要参数[10, 31-33]。本实验中，随柠条灌丛密度的增加，土壤C∶N和C∶P依次降低，而N∶P依次增加，HD柠条灌丛N∶P变化幅度较大，对密度的变化表现较为敏感；三种密度柠条灌丛C∶N和C∶P在表层较高（表6-4），这与前人[4, 12, 14, 34]对土壤化学计量的研究结果一致。随柠条灌丛密度的增加，土壤C、N、P含量也逐渐增加，而表层C∶N和C∶P呈下降趋势，深层土壤C∶N和C∶P的降低幅度不大，说明在密度增加的过程中，表层SOC的增加导致了N和P的增加，在同等程度下表层N和P的增加比C增加更为敏感，而深层土壤C∶N和C∶P变化幅度并不明显，说明深层土壤中N和P的增加与C增加保持一致。此外，由于柠条灌丛（固氮植物）结合了较多的固氮菌，固定了空气中部分N，从而增加了土壤中的N，同时也缓解了N的流失[35, 36]，使得土壤C∶N较小，而这种固氮作用会随土层深度的增加逐渐减弱，因此，深层土壤C∶N和C∶P变化幅度并不明显。此外，C∶N∶P主要受气候、水热等环境条件和土壤母质的影响，人类活动的干扰和土壤植被的空间差异也会造成C∶N∶P产生较大的变化[5, 10]。

全球土壤C∶N平均值为13.33，中国土壤C∶N平均值在10∶1与12∶1之间[37]，本实验中HD和MD柠条灌丛C∶N分别为8.69、9.04，低于中国土壤

C∶N 平均值，而 CK 和 LD 柠条灌丛 C∶N 分别为 12.23、12.91，高于中国土壤 C∶N 平均值，说明 HD 和 MD 柠条灌丛 N 含量较为丰富，也间接地体现了引入柠条灌丛后能够增加土壤 N 含量，并且随柠条灌丛密度的增加，这种增加效果越明显，这与柠条根系的固氮作用有着密切的联系[35, 36]。本实验柠条灌丛 C∶N、C∶P 和 N∶P 的变异系数分别为 20.17%、33.33%、26.53%，C∶P 和 N∶P 的空间异质性比 C∶N 大，主要是由于本实验中 P 自身的空间异质性较高造成的；有研究指出，N 和 P 的有效性是由土壤有机质的分解速率确定的，较低的 C∶N 和 C∶P 是氮和磷有效性的指标之一[3, 10, 38]，本研究中较低的 C∶N 和 C∶P 表明柠条灌丛更容易受到土壤中 N 和 P 的限制，如果进一步研究其限制因素，还需对其叶片 N 和 P 含量进行综合研究，从而确定柠条是受 N 限制还是受 P 限制。

6.7.4　柠条灌丛土壤养分与碳、磷、氮化学计量特征分析

本研究中柠条灌丛 SOC 与 TN 呈极显著的正相关（$P<0.01$），TN 与 TP 呈极显著的正相关（$P<0.01$），这一结果与前人的研究结果一致[12, 39]。SOC 和 TN 主要来源于枯落物中土壤植物残体分解合成的有机质[4, 36, 40]，因此，柠条灌丛土壤 SOC 与 TN 呈极显著的正相关。柠条灌丛较高的生产力导致枯落物和植物残体均高于对照，不同密度柠条灌丛枯落物和植物残体分解形成的有机质均不同，因此，SOC、TN 和 TP 均表现出 HD>MD>LD>CK，即柠条灌丛具有增加土壤养分的倾向；相关性分析表明，柠条灌丛土壤 N、P 与 C∶N、C∶P 呈现显著负相关（$P<0.05$），线性方程能更好地体现这种变化关系，且 N 含量与 P 含量呈显著性正相关（$P<0.05$），直线方程式较好地显示了这种变化趋势（图 6-2），这与李征等[41]对植物叶片的研究结果一致，体现了荒漠草原柠条灌丛对土壤中两种营养元素需求变化的一致性，这是柠条灌丛在荒漠草原能够稳定生长和繁殖的营养保障。

参 考 文 献

[1] Elser J J, Sterner R W, Gorokhova E, et al. Biological stoichiometry from genes to ecosystems[J]. Ecology Letters, 2000, 3(6): 540-550.

[2] Elser J J, Dobberfuhl D R, MacKay N A, et al. Organism size, life history, and N∶P stoichiometry[J]. BioScience, 1996, 46(9): 674-684.

[3] 丁小慧, 罗淑政, 刘金巍, 等. 呼伦贝尔草地植物群落与土壤化学计量学特征沿经度梯度变化[J]. 生态学报, 2012, 32(11): 3467-3476.

[4] 张向茹, 马露莎, 陈亚南, 等. 黄土高原不同纬度下刺槐林土壤生态化学计量学特征研究[J]. 土壤学报, 2013, 50(4): 182-189.

[5] 贺金生, 韩兴国. 生态化学计量学: 探索从个体到生态系统的统一化理论[J]. 植物生态学报, 2010, 34(1): 2-6.
[6] He J S, Fang J Y, Wang Z H, et al. Stoichiometry and largescale patterns of leaf carbon and nitrogen in the grassland biomes of China[J]. Oecologia, 2006, 149(1): 115-122.
[7] 任书杰, 于贵瑞, 姜春明, 等. 中国东部南北样带森林生态系统 102 个优势种叶片碳氮磷化学计量学统计特征[J]. 应用生态学报, 2012, 23(3): 581-586.
[8] 宋彦涛, 周道玮, 李强, 等. 松嫩草地 80 种草本植物叶片氮磷化学计量特征[J]. 植物生态学报, 2012, 36(3): 222-230.
[9] 李玉霖, 毛伟, 赵学勇, 等. 北方典型荒漠及荒漠化地区植物叶片氮磷化学计量特征研究[J]. 环境科学, 2010, 31(8): 1716-1725.
[10] 王绍强, 于贵瑞. 生态系统碳氮磷元素的生态化学计量学特征[J]. 生态学报, 2008, 28(8): 3937-3947.
[11] 刘兴华, 陈为峰, 段存国, 等. 黄河三角洲未利用地开发对植物与土壤碳、氮、磷化学计量特征的影响[J]. 水土保持学报, 2013, 27(2): 204-208.
[12] 朱秋莲, 邢肖毅, 张宏, 等. 黄土丘陵沟壑区不同植被区土壤生态化学计量特征[J]. 生态学报, 2013, 33(15): 4674-4682.
[13] 张社奇, 王国栋, 张蕾. 黄土高原刺槐林对土壤养分时空分布的影响[J]. 水土保持学报, 2008, 22(5): 91-95.
[14] 宋乃平, 杨新国, 何秀珍, 等. 荒漠草原人工柠条林重建的土壤养分效应[J]. 水土保持通报. 2012, 32(4): 21-26.
[15] 王孟本, 李洪建, 柴宝峰. 柠条(*Caragana korshinskii*)的水分生理生态学特性[J]. 植物生态学报, 1996, 20(6): 494-501.
[16] 安韶山, 黄懿梅. 黄土丘陵区柠条林改良土壤作用的研究[J]. 林业科学, 2006, 42(1): 70-74.
[17] 刘任涛, 杨新国, 宋乃平, 等. 荒漠草原区固沙人工柠条林生长过程中土壤性质演变规律[J]. 水土保持学报, 2012, 26(4): 108-112.
[18] 郭忠升, 邵明安. 人工柠条林地土壤水分补给和消耗动态变化规律[J]. 水土保持学报, 2007, 21(2): 119-123.
[19] 蒋齐, 李生宝, 潘占兵, 等. 人工柠条灌木林营造对退化沙地改良效果的评价[J]. 水土保持学报, 2006, 20(4): 23-27.
[20] Agren G I, Stoichiometry and nutrition of plant growth in nature communities[J]. Ecology, Evolution, and Systematics, 2008, (39): 153-170.
[21] 鲁如坤. 土壤农业化学分析方法[M]. 北京: 中国农业科技出版社, 2000.
[22] Edwards E J, McCaffery S, Evans J R. Phosphorus availability and elevated CO_2 affect biological nitrogen fixation and nutrient fluxes in a clover-dominated sward[J]. New Phytologist, 2006, 169(1): 157-167.
[23] Barnes M S, Forster J C, Keller J H. Electron energy distribution function measurements in a planar inductive oxygen radio frequency glow discharge[J]. Applied Physics Letters, 1993, 62(21): 2622-2624.
[24] 鲁顺保, 郭晓敏, 芮亦超, 等. 澳大利亚亚热带不同森林土壤微生物群落对碳源的利用[J]. 生态学报, 2012, 32(9): 2819-2826.
[25] Cabrera M L, Beare M H. Alkaline persulfate oxidation for determining total nitrogen in microbial biomass extracts[J]. Soil Science Society of America Journal, 1993, 57(4): 1007-1012.

[26] 邬畏, 何兴东, 周启星. 生态系统 N∶P 化学计量特征研究进展[J]. 中国沙漠, 2010, 30(2): 296-302.
[27] 程滨, 赵永军, 张文广, 等. 生态化学计量学研究进展[J]. 生态学报, 2010, 30(6): 1628-1637.
[28] 罗亚勇, 张宇, 张静辉, 等. 不同退化阶段高寒草甸土壤化学计量特征[J]. 生态学杂志, 2012, 37(2): 254-260.
[29] 张志山, 李新荣, 张景光, 等. 用 Minirhizotrons 观测柠条根系生长动态[J].植物生态学报, 2006, 30(3): 457-464.
[30] 张薇, 胡跃高, 黄国和, 等. 西北黄土高原柠条种植区土壤微生物多样性分析[J].微生物学报[J]. 2007, 47(5): 751-756.
[31] 赵志红. 半干旱黄土区集雨措施和养分添加对苜蓿草地和封育植被生产力及土壤生态化学计量特征的影响[D]. 兰州: 兰州大学硕士学位论文, 2010.
[32] 王晶苑, 张心昱, 温学发, 等. 氮沉降对森林土壤有机质和凋落物分解的影响及其微生物学机制[J]. 生态学报, 2013, 33(5): 1337-1346.
[33] 项文化, 黄志宏, 闫文德, 等. 森林生态系统碳氮循环功能耦合研究综述[J]. 生态学报, 2006, 26(7): 2365-2372.
[34] Tian H Q, Chen G S, Zhang C, et al. Pattern and variation of C∶N∶P ratios in China's soil: a synthesis of observational data[J]. Biogeochemistry, 2010, 98(1): 139-151.
[35] 赵志强. 鄂尔多斯几种沙生植物根际自身固氮菌的筛选及对杨柴接种效应研究[D]. 雅安: 四川农业大学硕士学位论文, 2008.
[36] 宋成军, 马克明, 傅伯杰, 等. 固氮类植物在陆地生态系统中的作用研究进展[J]. 生态学报, 2009, 29(2): 869-877.
[37] 李早霞. 不同改良措施对退化羊草(*Leymus chinensis*)草原养分及其化学计量比的影响[D]. 呼和浩特: 内蒙古大学硕士学位论文, 2011.
[38] Aerts R, Chapin FS III, The mineral nutrition of wild plants revisited: a re-evaluation of processes and patterns[J]. Advances in Ecological Research, 2000, (30): 1-67.
[39] 刘万德, 苏建荣, 李帅锋, 等. 云南普洱季风常绿阔叶林演替系列植物和土壤 C、N、P 化学计量特征[J]. 生态学报, 2010, 30(23): 6581-6590.
[40] 党亚爱, 李世清, 王国栋, 等. 黄土高原典型土壤全氮和微生物氮剖面分布特征研究[J]. 植物营养与肥料学报, 2007, 13(6): 1020-1027.
[41] 李征, 韩琳, 刘玉虹, 等. 滨海盐地碱蓬不同生长阶段叶片 C、N、P 化学计量特征[J]. 植物生态学报, 2012, 36(10): 1054-1061.

第7章　展　　望

7.1　加强生态化学计量学的限制性养分判断

在生态化学计量学的应用方面，N∶P化学计量比是当前限制性养分判断的重要指标之一，应结合施肥实验作进一步的诊断[1]。因研究对象不同，限制性养分判断指标的适应性存在差异。不同生态系统养分限制的生态化学计量学标准存在差异，尚需进一步弄清这一指标适用性的影响因素及机制；化学计量内稳性总体表现为由低等生物向高等生物增强的趋势，其强弱与物种的生态策略和适应性有关，具有重要的生态学和进化学意义[2]。养分的供应状况、施肥、物种及生长发育阶段等是生态化学计量内稳性的重要影响因子[3]；在生长速率与C∶N∶P关系的基础上提出了生长速率假说，将细胞和基因机理与生长速率联系起来，对完善生态化学计量学理论意义重大，有待在不同生物类型与生态系统中进一步验证。目前关于生态化学计量学的研究仍然存在着很多不足之处，因此，系统深入地研究生态系统生态化学计量学特征与驱动因素、生态化学计量学特征对限制性养分的指示标准、生态化学计量内稳性与影响因子的综合评价、生态化学计量学特征与植物生长速率的关系，以及生态化学计量内稳性对生态系统结构、功能和稳定性的维持机制等，对于深入认识和理解生态系统生态化学计量学特征及其驱动力，定量评估生态系统的限制性养分与生态化学计量内稳性，预测群落、生态系统结构与稳定性的演变趋势，深化生长速率与生态化学计量学特征关系的认识，实现生态系统的优化管理和合理保护、维护区域生态安全和实现可持续发展等均具有十分重要的理论及现实意义。

7.2　推进陆地生态系统化学计量养分限制规律

陆地生态系统生态化学计量学的推进比水生生态系统要复杂得多，研究起来比较困难，但作为人类生存的主要场所，陆地生态系统的研究至关重要。而且，生态化学计量学理论要想最终确立，尚需进一步研究，使其在陆地生态系统中得到验证。陆地生态化学计量学需开展的主要研究有：通过分析人类活动对氮磷沉降的直接和间接干扰，探讨陆地生态系统碳氮磷平衡特征的变化对全球生物地球化学循环、植物-凋落物-土壤相互作用的养分调控、土壤微生物数量和多样性及其体内营养元素比值的影响[4]；建立多元素循环的生态系统模型，综合考虑生物量、凋落物和土壤中碳与养分的耦合作用、养分限制规律、分解者的再循环作用，以及养分竞争导致的化学计量学抑制过程，最终来探讨微生物对养分的竞争能力及其对生态系统的维护作用；进一步开展元素化学计量比的平衡和非平衡理论研究，抓住全球背景下 C、N、P 元素耦合作用与分布格局。通过对生态系统植物、凋落物和土壤中碳氮磷元素组成比的分析，探讨生态系统元素平衡的 C∶N∶P 的临界值，预测养分循环速率，揭示陆地碳氮磷元素之间的交互作用及平衡制约关系，促进陆地生态化学计量学理论的发展[5]。

7.3　拓展陆地生态系统土壤微生物 C∶N∶P 研究

土壤微生物是连接生态系统内部能量流动和物质循环的关键。因此，研究微生物量 C∶N∶P 如何对荒漠植被结构和组成的变化过程产生响应，以及植被演替过程中微生物生物量 C∶N∶P 与土壤和植物 C∶N∶P 的关联性，有利于揭示微生物在植被演替过程中扮演的角色[6]。此外，建立微生物群落结构与功能具体的联系是土壤微生物学面临的一大挑战。许多微生物过程产生的并不是单一途径的代谢产物，而是可以被分类的综合代谢途径的产物。例如，土壤中几乎所有的异养细菌活性类群都可能促进有机碳分解代谢或氮矿化的速率[7]，甚至就植物纤维素分解代谢而言，可能需要多个不同类型的代谢过程共同完成。所以，将微生物以功能群的形式进行划分，研究不同微生物功能群 C∶N∶P 化学计量也将是未来研究的重点。随着现代分子生物学技术的发展，荒漠中潜在的微生物资源也被充分挖掘。如何利用丰富的基因组、宏基因组和标记基因数据来提高我们对土壤微生物群功能的理解，也是未来研究中需要攻克的难题。基于 DNA 测序方法，可广泛用于量化微生物群落的相对丰度。然而，土壤中微生物功能基因（如宏基因组测序）通常只提供某一类微生物的相对丰度或基因百分比，而不是它们的绝对丰度。土壤变化过程更可能与微生物功能群、基因或基因产物的绝对数量有关，而不是与它们在群落中的相对比例有关[8]。推断微生物功能群、基因或基因产物的绝对丰度需要不同研究方法的结合使用。例如，将传统培养法、BIOLOG-GN 法及基因芯片测序等方法结合使用，探讨如何采用多种方法进行土壤微生物功能群 C∶N∶P 的探索性研究目前还处于空白状态，相信在未来研究中将被予以重视。

7.4　拓展陆地生态系统土壤酶 C∶N∶P 研究

一般来讲，植被组成、土壤养分、微生物数量都会影响土壤酶活性[9, 10]。由于土壤酶 C∶N∶P 的研究才刚刚起步，尤其针对荒漠生态系统植被演替过程中土壤酶的生态化学计量的研究还远远不够。那么，以 BG、NAG、LAP 和 AP 作为 C、N、P 的特征酶在荒漠生态系统是否具有代表性还需要进一步的验证，其化学计量特征在固沙植被演替过程中有什么规律仍有待探索。此外，对荒漠人工植被演替过程中土壤酶 C∶N∶P 特征时空变化，可通过底物添加控制试验，评估土壤酶活性对不同植物凋落物添加的敏感性，建立凋落物属性与土壤、土壤微生物功能群和酶的 C∶N∶P 之间的关系，结合凋落物分解速率揭示底物影响土壤酶 C∶N∶P 的机理。

7.5　全面开展植物-土壤-微生物-酶关系研究

荒漠生态系统植被演替过程中有关植物、土壤、土壤微生物和酶 C∶N∶P 的影响因素，已从不同尺度开展了一定的研究[11-13]。然而，无论是天然植被还是人工植被体系，目前还没有从生态系统的角度综合研究植物、土壤、土壤微生物和酶活性 C∶N∶P 之间的关联。在选取适宜的指标表征土壤微生物功能群和酶的 C∶N∶P 计量特征后，如何建立植物、土壤、微生物和酶四者之间的计量关联性成为亟待解决的关键科学问题。沿生态系统 C、N、P 分解路径，即植物→凋落物→土壤微生物→土壤酶→土壤这一主线，同时考虑植被群落结构、凋落物的化学组成、土壤微生物的各类属性（微生物数量、生物量、功能基因丰度和强度及功能多样性）、水解酶和氧化酶活性、土壤质地及环境因子，分析各指标之间的影响因素及程度，可揭示植被演替过程中土壤微生物和酶活性对由植物到土壤 C、N、P 转化的调控机理；通过对固沙植被演替过程中植物、土壤、土壤微生物和酶 C∶N∶P 关系的研究，可阐明固沙植被演替对土壤、土壤微生物和酶 C∶N∶P 特征的驱动作用，揭示土壤微生物和酶系统对由植物到土壤 C、N、P 转化的调控机理。

7.6　深入全球变化背景下的生态化学计量比研究

全球变化早已成为生态学家们关注的热点问题之一，虽然对其进行的研究极多，但由于地球系统的复杂性，全球变化研究面临着多方面的挑战，主要是两个方面：一是面临众多学科的交叉，从中找出客观存在的基本规律相当困难；二是研究系统简单，常用的牛顿质点动力学不能描写连续现象。生态化学计量学是在生物学、生态学和分析化学的交叉下产生的，研究世界的基本组成物质元素和能量，更接近事实的本相，而且与 C、N、P 的全球循环都直接相关。氮和磷是植物生长所必需的两种最为重要的养分元素，在气候变化和 CO_2 浓度持续上升的背景下，氮、磷养分供给不足可能会限制陆地植物生长及其对大气 CO_2 的吸收能力，成为制约未来陆地碳汇的重要因素。因此，未来应以生态化学计量学为桥梁，进一步开展全球变化背景下 C、N、P 循环等问题的研究。

参考文献

[1] 牛得草, 李茜, 江世高, 等. 阿拉善荒漠区 6 种主要灌木植物叶片 C∶N∶P 化学计量比的季节变化[J]. 植物生态学报, 2013, 37(4): 317-325.

[2] Yu Q, Chen Q, Elser J J, et al. Linking stoichiometric homoeostasis with ecosystem structure, functioning and stability[J]. Ecology Letters, 2010, 13(11): 1390-1399.

[3] 杨惠敏, 王冬梅. 草-环境系统植物碳氮磷生态化学计量学及其对环境因子的响应研究进展[J]. 草业学报, 2011, 20(2): 244.

[4] Xu X, Thornton P E, Post W M. A global analysis of soil microbial biomass carbon, nitrogen and phosphorus in terrestrial ecosystems[J]. Global Ecology and Biogeography, 2013, 22(6): 737-749.

[5] Marklein A R, Houlton B Z. Nitrogen inputs accelerate phosphorus cycling rates across a wide variety of terrestrial ecosystems[J]. New Phytologist, 2012, 193(3): 696-704.

[6] Voroney R P, Brookes P C, Beyaert R P. Soil microbial biomass C, N, P, and S[J]. Soil Sampling and Methods of Analysis, 2008, 2: 637-652.

[7] Eiler A, Langenheder S, Bertilsson S, et al. Heterotrophic bacterial growth efficiency and community structure at different natural organic carbon concentrations[J]. Applied and Environmental Microbiology, 2003, 69(7): 3701-3709.

[8] 杨成德, 龙瑞军, 陈秀蓉, 等. 土壤微生物功能群及其研究进展[J]. 土壤通报, 2008, 39(2): 421-425.

[9] Sinsabaugh R L, Lauber C L, Weintraub M N, et al. Stoichiometry of soil enzyme activity at global scale[J]. Ecology Letters, 2008, 11(11): 1252-1264.

[10] 曹慧, 孙辉, 杨浩, 等. 土壤酶活性及其对土壤质量的指示研究进展[J]. 应用与环境生物学报, 2003, 9(1): 105-109.

[11] 陈军强, 张蕊, 侯尧宸, 等. 亚高山草甸植物群落物种多样性与群落 C, N, P 生态化学计量的关系[J]. 植物生态学报, 2013, 37(11): 979-987.

[12] 刘超, 王洋, 王楠, 等. 陆地生态系统植被氮磷化学计量研究进展[J]. 植物生态学报, 2012, 36(11): 1205.

[13] Li X R, Xiao H L, Zhang J G, et al. Long - term ecosystem effects of sand - binding vegetation in the Tengger Desert, northern China[J]. Restoration Ecology, 2004, 12(3): 376-390.